局部插值显式算法的研究及其应用

黄 静 蔡占川 余建德 梁延研 著

科学出版社

北 京

内 容 简 介

图形生成和图像处理是各自独立发展起来而又密不可分的两个技术领域。这两个领域有着共同的数学基础，特别是基于数值逼近理论的各类插值算法，已成为图形生成与图像处理不可缺少的常用工具。本书着重研究局部插值显式算法及其应用，对具有代表性的几种常用插值拟合算法进行探讨和分析，并以多结点样条插值算法为例探讨局部插值显式算法在几何造型与图像处理领域中的应用，其在变形与动画、信号分解、曲面造型、几何建模修补、图像合成、信息隐藏、地形设计、几何造型骨骼化、图像放大、图像修复、月球模型等方面都有较新颖的方法和良好的效果。

本书可供计算机图形学、图像处理相关专业的教师、研究生阅读，也可供相关专业科研技术人员参考。

图书在版编目 (CIP) 数据

局部插值显式算法的研究及其应用/黄静等著. —北京：科学出版社，2015.11

ISBN 978-7-03-046294-7

Ⅰ. ①局… Ⅱ. ①黄… Ⅲ. ①图像处理－算法－研究 Ⅳ. ①TN911.73

中国版本图书馆 CIP 数据核字(2015)第 267978 号

责任编辑：任 静 / 责任校对：桂伟利

责任印制：徐晓晨 / 封面设计：迷底书装

科学出版社出版

北京东黄城根北街 16 号

邮政编码：100717

http://www.sciencep.com

北京建宏印刷有限公司 印刷

科学出版社发行 各地新华书店经销

*

2016 年 1 月第 一 版 开本：720×1 000 B5

2018 年 5 月第三次印刷 印张：8

字数：151 000

定价：55.00 元

(如有印装质量问题，我社负责调换)

前 言

图形生成和图像处理是各自独立发展起来而又密不可分的两个技术领域。这两个领域有着共同的数学基础，特别是基于数值逼近理论的各类插值算法，已成为图形生成与图像处理不可缺少的常用工具。值得注意的是，从应用角度说，尽管有多种插值算法，但同时具备插值性、局部性、显式求解优点的，尚少有研究。而局部插值显式算法正是具备了多种优越性而越来越受重视。本书着重研究局部插值显式算法的特点并以多结点样条插值为例探讨局部插值显式算法在几何造型与图像处理领域中的应用。

本书共分为 12 章。第 1 章主要从几何造型技术、图像处理技术的发展现状和计算机图形学与图像处理的关系入手，提出问题的研究背景。第 2 章介绍常用的插值拟合算法的特性，着重介绍多结点样条插值算法和其他算法的比较。第 3 章介绍基于多结点样条插值的多层次方法，包括多层次信号分解方法、图像多分辨率表示方法和曲面的多层次造型方法等。第 4 章介绍一种基于多结点样条插值的几何建模中的修补方法。第 5 章介绍一种新的图像合成方法，该方法运用多结点样条插值算法对纹理样本进行变形，再合成一幅新的图像。第 6 章为多结点样条插值算法在信息隐藏领域的应用。第 7 章提出并实现一种基于多结点样条的自由曲线最小误差逼近及其应用。第 8 章提出并实现一种基于混合型多结点样条插值曲面的图像放大方法及其应用。第 9 章实现基于多结点样条构造的月球 DEM 模型及高程分布特征模型。第 10 章实现基于多结点样条插值的变形与动画设计。第 11 章提出并实现一种基于多结点样条插值的地形造型设计。第 12 章为总结和展望。

本书得到了国家自然科学基金项目“缺损图形表面修复技术的研究和应用”（项目编号：61272364），澳门科技发展基金项目“大数据形势下数据补插与去除冗余算法及应用研究”（项目编号：084/2012/A3）和“嫦娥微波辐射计数据的亮温模型构建及应用研究”（项目编号：110/2014/A3），浙江大学 CAD&CG 国家重点实验室开放课题（项目编号：A1513）的支持，黄静撰写了第 1 章～第 6 章、第 10 章，并指导叶奔完成第 11 章，蔡占川撰写了第 8 章和第 9 章，余建德撰写了第 7 章，梁延研进行了部分校对工作，提出了一些修改建议，最后由黄静和蔡占川统稿，齐东旭审核并对全书提出修改建议。同时特别感谢澳门科技大学的唐泽圣教授和齐东旭教授的帮助和支持，作为本书第一作者在澳门科技大学就读博士期间的导师，两位德高望重的教授在研究学习上给予了本书作者很多指导。恩师齐东旭提供了多结点样条曲线曲面造型的理论知识和相关参考文献，书中所有章节的研究成果都离不开唐泽圣教授和齐东旭教授的辛勤指导，也感谢叶奔为本书出版付出的辛勤工作。

在编写本书的过程中借鉴了国内外许多专家、学者的观点，参考了许多相关文献，在此向有关作者一并表示衷心的感谢。

由于作者水平有限且时间仓促，本书难免有不足之处，请各位专家、读者批评指正。

作　者

2015 年 9 月

目　　录

第 1 章　绪　　论

1.1　本书研究背景

插值算法是用简单函数实现对复杂函数或数据的逼近。在数据拟合中，特指通过给定数列，构造满足一定要求的函数，实现给定数据与该函数之间的有效转化。本书研究插值算法及其在几何造型领域与图像处理领域中的应用。本章首先介绍几何造型与图像处理的发展概况，然后给出本书研究的出发点及成果描述。

1.2　几何造型技术的发展现状

1974 年 Barnhill 和 Riesenfeld[1]在美国犹他大学的一次国际会议上首先提出了计算机辅助几何设计（Computer Aided Geometric Design，CAGD）这一术语，用来描述计算机辅助设计（Computer Aided Design）中有关几何外形的数学方法的研究（这也是 Geometric 的由来）。CAGD 一词首先作为在犹他大学召开的一个国际会议的题目，自此以后，开始以一门独立的学科出现。CAGD 作为一门新兴的交叉学科，在过去的 30 年中得到了迅速的发展，是当今计算机应用学科最活跃的分支之一。CAGD 技术应用范围广泛，除了航空、造船、汽车这三大制造业，还涉及建筑设计、生物工程、医疗诊断、电子工程、机器人、服装鞋帽设计和电子游戏等领域。

几何造型是 CAGD 的核心技术和研究基础，主要研究在计算机中表示、设计、显示和分析复杂三维形体的理论和方法。几何造型是通过对点、线、面、体等几何元素，经过平移、旋转、放大/缩小比例等几何变换和并、交、差等集合运算，产生实际的或想象的物体模型。在几何造型系统中，描述物体的常用模型有三种，即线框模型、表面模型和实体模型。在计算机图形学和 CAD/CAM 领域中，线框（wireframe）模型是最早用来表示物体的模型，并且至今仍在广泛应用。其特点是结构简单、易于理解，又是表面和实体模型的基础。线框模型用顶点和棱边来表示形体。对多面体而言，用线框模型是非常合适的，因为多面体用棱边就能表达出来，但对于非平面体，如圆柱体、球体等，用线框模型来表达就会存在问题，因为线框模型给出的不是连续的几何信息，不能明确定义给定点与形体之间的关系（点在物体内部、外部或表面上），所以线框模型不能处理计算机图形学和CAD/CAM中的多数问题，如不能生成剖切图、消隐图、明暗色彩图，不能用于数控加工等，应用范围受到了很大的限制。

表面（surface）模型是用有向棱边围成的部分来定义形体表面，由面的集合来定义形体。表面模型在线框模型的基础上，增加了物体中面的信息，用面的集合来表示物体，而用环来定义面的朝向。表面模型扩大了线框模型的应用范围，能够满足面面求交、线面消隐、明暗色彩图、数控加工等需要。但在该模型中，只有一张张面的信息，物体究竟存在于表面的哪一侧，并没有给出明确的定义，无法计算和分析物体的整体性质，如物体的表面积、体积、重心等，也不能将这个物体作为一个整体去考察它与其他物体相互关联的性质，如是否相交等。

虽然三维表面模型表示物体的信息并不完整，但它能够表达复杂的雕刻曲面、艺术图形和形体表面的显示，在几何造型中具有重要的地位，对于支持曲面的三维实体模型，表面模型是它的基础。

实体（solid）模型是最高级的三维物体模型，它能完整地表示物体的所有形状信息。可以无歧义地确定一个点是在物体外部、内部还是表面上，这种模型能够进一步满足物性计算、有限元分析等应用的要求。

在几何造型中，线框模型、表面模型和实体模型的优缺点和应用范围如表1-1所示。为了克服某种造型的局限性，在实用化的几何造型系统中，常常统一使用线框模型、表面模型和实体模型，以相互取长补短。

表1-1　三种模型比较

表示模型	优点	局限性	应用范围
线框模型	结构简单、易于理解、运行速度快	无观察参数的变化；不可能产生有实际意义的形体；图形会有二义性	画二维线框图（工程图）、三维线框图
表面模型	完整定义形体表面，为其他场合提供表面数据	不能表示形体	艺术图形、形体表面的显示、数控加工
实体模型	定义了实际形体	只能产生正侧形体；抽象形体的层次较低	物性计算、有限元分析、用集合运算构造形体

随着大规模几何造型的广泛应用，特别是计算机硬件、扫描技术与互联网的发展，传统意义下的CAGD受到极大的挑战。面对大量的数据、复杂的拓扑结构，除了造型阶段的困难，网上协同设计、编辑、存储、传输、显示、交互处理等各方面，都提出了新的需求，促进了CAGD的发展。三维建模的研究，已经从工业

几何造型的发展，转到数字几何的发展上，数字几何（digital geometry）是指通过对真实物体的表面进行采样而得到的几何数据。它的基本表示形式有：①直接由采样数据形成的三维点云数据；②多边形网格。另外，在每个数据点通常还附有颜色、光泽度和透明度等属性数据。这样一些几何数据与属性数据共同为三维场景与动态环境的建模提供了各种不同层次的信息。点云模型最大的优点在于可以表示任意物体，易于进行布尔操作。但是，点云模型表示缺乏必要的拓扑信息，在实际应用时，通常需将点云模型的拓扑结构重建出来，把点云模型重构成多边形网格或者拟合成曲面。多边形网格形状简单、便于计算，而且可以表示任意拓扑结构的物体，能以任意精度逼近曲面物体。当然，采用多边形网格造型也有不少缺点。例如，表示一个细节丰富的物体可能需要数以万计的多边形，从而带来较大的计算量和存储量等。

数字几何处理即计算机对这种三维几何数据进行处理，以达到不同应用所要求的数据转换、模型表示或场景绘制等目的。但是，数字几何数据具有与数字音频、数字图像和视频数据完全不同的特殊性质，如：①它所表示的物体表面通常是任意弯曲、复杂（流形/非流形、定向/非定向）和缺乏连续参数化的，很难找到一种内在的函数形式对其进行描述；②几何数据本身和各种属性数据都是非规则采样的，对于多边形网格模型，其连接关系尤其复杂；③对于室内环境和建筑物等对象，其数据表面的形状变化多样，拓扑结构错综复杂；④随着三维激光扫描技术的进步，模型的数据量大幅度增长，其增长速度远远超过了现有处理硬件所能提供的计算能力。

本书主要通过对局部插值算法的研究，探讨其在数字几何领域中网格模型的建立、变形、纹理映射与动画处理，点采样数据的重建与插补等方面的应用。

1.2.1 图像处理技术的发展现状

人类视觉是最重要、最复杂的感官机构，它对简单任务如物体识别等提供了必要的信息，同样也能对复杂任务如计划、决策、科学研究和人工智能发展提供必要的信息。俗话说“一图值千字”就恰如其分地表达了一幅图像所包含的信息容量，图像在当今的社会中扮演了重要的角色，报刊杂志、电视、电影和互联网等媒体都是用图像（静止的或运动的）作为信息载体的，所有这些都需要计算机对图像进行处理和传输。现代科学技术的发展使人类视觉得以延续，目前人们可以看到任意波长上所测得的图像，如伽马相机、X 线机、红外和超声图像；计算机断层扫描（Computer Tomography，CT）可看到断层图像，实现了人类长期的梦想；此外还有立体和剖视图像等。图像处理就是利用计算机对所获得的图像进行图像信息的获取、几何处理、算术处理、图像增强、图像复原、图像分割、图像重建、图像编码、模式识别、图像分析以及图像信息的存储、传送、输出与显示等处理的技术。几十年前，美国在太空探索中拍回了大量月球照片，但是由于种种环境因素的影响，这些照片是非常不清晰的，为此，人们对这些照片应用了一些图像处理手段，使照片中的重要信息得以清晰再现。正是这一方法产生的效果引起了巨大的轰动，从而促进了图像处理技术在通信、广播电视、印刷、工艺美术、医药和科学研究领域的蓬勃发展。

总体来说，图像处理技术的发展大致经历了初创期、发展期、普及期和实用化期四个阶段。初创期开始于 20 世纪 60 年代，当时的图像采用像素型光栅进行扫描显示，大多采用中、大型机对其进行处理。在这一时期，由于图像存储成本高，处理设备造价高，因而其应用面很窄。20 世纪 70 年代进入了发展期，开始大量采用中、小型机进行处理，图像处理也逐渐改用光栅扫描显示方式，特别是出现了 CT 和卫星遥感图像，对图像处理技术的发展起到了很好的促进作用。到了 20 世纪 80 年代，图像处理技术进入普及期，此时的微型计算机已经能够担当起图形图像处理的任务。超大规模集成电路（VLSI）的出现更使得处理速度大大提高，其造价也进一步降低，极大地促进了图形图像系统的普及和应用。20 世纪 90 年代是图像技术的实用化期，图像处理的信息量大，对处理速度的要求极高。

21 世纪的图像技术要向高质量方面发展，主要体现在以下几点。

（1）高分辨率、高速度：图像处理技术发展的最终目标是要实现图像的实时处理，这在移动目标的生成、识别和跟踪上有着重要意义。

（2）立体化：立体化所包括的信息最为完整和丰富，未来采用数字全息技术将有利于达到这个目的。

（3）智能化：其目的是实现图像的智能生成、处理、识别和理解。

目前图像处理技术主要的应用领域如下。

（1）通信技术：图像传真、电视电话、卫星通信、数字电视等。

（2）宇宙探索：其他星体图像的处理。

（3）遥感技术：农林资源调查，作物长势监视，自然灾害监测、预报，地势、地貌以及地质构造测绘、勘探，水文、海洋调查，环境污染检测等。

（4）生物医学：X 射线、超声、显微镜图像分析，内窥镜图像分析，CT 和核磁共振图分析等。

（5）工业生产：无损探伤、石油勘探、生产过程自动化（识别零件、装配、质量检查）、工业机器人视觉的应用与研究等。

（6）气象预报：天气云图测绘、传输。

（7）计算机科学：文字、图像输入的研究，计算机辅助设计，人工智能研究，多媒体计算机与智能计算机研究等。

（8）军事技术：航空及卫星侦察照片的判读，导弹制导，雷达、声纳图像处理，军事仿真等。

（9）侦缉破案：指纹识别，印鉴、伪钞识别，笔迹分析等。

（10）考古：恢复珍贵的文物图片、名画、壁画等的原貌。

图像处理信息量大，计算精度和处理速度随着计算机的发展要求越来越高。在本书中，主要研究多结点样条插值算法在对图像的多分辨率表示、纹理与图像合成、图像隐藏等领域的应用和创新。

1.2.2　计算机图形学与图像处理的关系

计算机图形学（Computer Graphics，CG）和图像处理（Image Processing，IP）技术，无论在概念上还是在实用方面，都是各自独立发展起来而又难以分清的技术领域。在计算机内部用数学公式产生图形和图像，并在显示器的屏幕或绘制图纸上显示出来的就是计算机图形学。另外，把用二维数值数据给定的图像（用扫描仪扫描照片或用电视摄像机拍摄景物得到的数据）进行加工处理后输出为另外的图像或识别结果的就是图像处理。图 1-1 反映了计算机图形学和图像处理的不同。

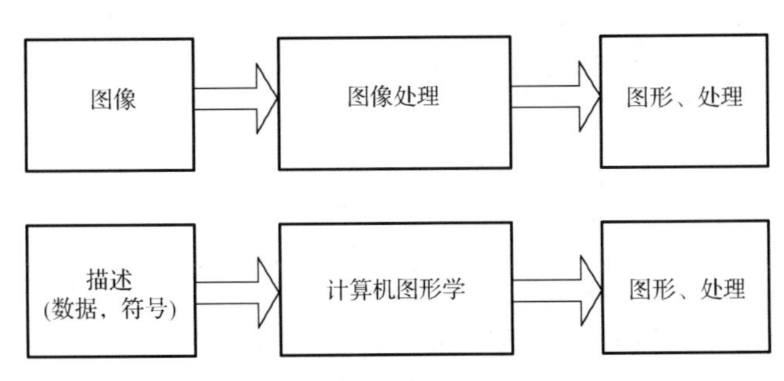

图 1-1　计算机图形学与图像处理的比较

随着信息技术的发展，虽然这两方面发展的历史过程是不同的，但两种技术越来越相互渗透、相互影响，其界限已变得不太明确。例如，在 CT 和合成孔径雷达（SAR）中，使用了图像重建这一处理方式；在三维信息的计算机视觉领域中，三维物体模型的表现形式也正在采用计算机图形学的表示方法。反过来，在计算机图形学生成的图像上也正在应用各种图像处理的技术，产生出更加精密的高画质的计算机图形图像，计算机图形图像作为一个整体的专业技术已广泛应用于可视化、图形用户界面、计算机辅助设计、娱乐与计算机动画、图形实时绘制与自然景物仿真、计算机艺术等方面。

几何造型技术属于计算机图形学的领域，在几何造型技术和一些图像处理技术上存在一些共同的特性。例如，曲面造型、曲面光顺、曲面细分、图像的多分辨率等都用到网格和多层次方法，曲面和图像的表达有相同之处，单值曲面可看作坐标 x,y 的二元函数，即 $z=f(x,y)$，如果采用参数形式，则曲面方程可以写成

$$\begin{aligned} X &= q_x(u,v) \\ Y &= q_y(u,v), \quad u,v \in D \\ Z &= q_z(u,v) \end{aligned} \tag{1-1}$$

它可表达更复杂的空间曲面。数字图像可看成一个二元函数 $z=f(x,y)$，其中 x、y 为图像像素点的坐标，z 表示该像素点的属性，如颜色值。如果将像素点的颜色值分成 R、G、B 三个分量，数字图像可以表示成

$$\begin{aligned} R &= f_R(x,y) \\ G &= f_G(x,y), \quad x,y \in D \\ B &= f_B(x,y) \end{aligned} \tag{1-2}$$

总之，不论 CAGD 中的曲面还是图像处理中的图像都可看成双变量的函数表达。能不能找到一种新的多层次表达方法，它既能用在图形领域又能用在图像领域，甚至更多的其他领域呢？经我们研究发现，多结点样条插值理论能够实现这一目标。

1.3 本书完成的主要工作

同时具备局部性、插值性和显式性的造型方法在计算机辅助几何设计和图像处理应用中有着无可比拟的优越性。本书分析比较了现有常用的插值拟合算法，总结出多结点样条插值算法完全符合局部插值显式算法的特性，是一种能综合现有常用的插值拟合算法的优越性的局部插值显式算法。并针对结点样条插值算法在几何造型、图像处理和信息隐藏领域的应用进行了研究和探讨，主要工作包括如下内容。

（1）提出并实现了基于多结点样条插值的多层次算法，包括信号分解方法、图像多分辨率表示方法和多层次曲面造型方法。

（2）提出并实现了一种基于多结点样条插值的几何建模修补方法。

（3）提出并实现了一种基于多结点样条插值变形的图像合成方法。

（4）初步探讨了多结点样条插值算法在信息隐藏领域的应用。

（5）提出并实现了一种基于多结点样条的自由曲线最小误差逼近算法及其应用。

（6）提出并实现了一种基于混合型多结点样条插值曲面的图像放大方法及其应用。

（7）提出并实现了一种基于多结点样条的自由曲线最小误差逼近算法及其应用。

（8）提出并实现了一种基于混合型多结点样条插值曲面的图像放大方法及其应用。

（9）实现了基于多结点样条算法构造的月球 DEM 模型和高程分布特征模型。

（10）实现了基于多结点样条插值算法的变形与动画设计。

（11）提出并实现了一种基于多结点样条插值的地形造型设计。

本书共分为 12 章。本章主要从阐述几何造型技术、图像处理技术的发展现状和计算机图形学与图像处理的关系入手，提出问题的研究背景。第 2 章介绍了常用的插值拟合算法的特性，着重介绍了多结点样条插值算法的特性和其他算法的比较。第 3 章介绍了基于多结点样条插值的多层次方法，包括多层次信号分解方法、图像多分辨率表示方法和曲面的多层次造型方法等。第 4 章介绍了一种基于多结点样条插值的几何建模中的补漏方法。第 5 章介绍了一种新的图像合成方法，该方法运用多结点样条插值算法对纹理样本进行变形，再合成一幅新的图像。第 6 章为多结点样条插值算法在信息隐藏领域的应用初探。第 7 章提出并实现了一种基于多结点样条的自由曲线最小误差逼近算法及其应用。第 8 章提出并实现了一种基于混合型多结点样条插值曲面的图像放大方法及其应用。第 9 章实现了基于多结点样条算法构造的月球 DEM 模型和高程分布特征模型。第 10 章实现了基于多结点样条插值算法的变形与动画设计。第 11 章提出并实现了一种基于多结点样条插值的地形造型设计。第 12 章为总结和研究展望。

第 2 章　相关算法的分析与比较

2.1　概　　述

曲线曲面造型是 CAGD 和计算机图形学的一项重要内容，主要研究在计算机图形系统的环境下对曲线曲面的表示、设计、显示和分析。它起源于汽车、飞机、船舶、叶轮等的外形放样工艺，由美国数学家 Coons（1912～1979)、法国雷诺汽车工程师 Bezier（1910～1999）[2,3]等大师于 20 世纪 60 年代奠定其理论基础。经过三十多年的发展，曲线曲面造型已形成了以插值和拟合为框架手段的算法体系。

插值法（interpolation）是古老而实用的数值方法。一千多年前我国对插值法就有了研究，并应用于天文实践。显而易见，人们不能每时每刻都用观测的方法来决定“日月五星”的方位，那么怎样通过几次观测所得到的数据来补足这段时间内“日月五星”的位置呢？这就有了插值法。

许多实际问题都用函数 $f(x)$ 来表示某种内在规律的数量关系，其中相当一部分函数是通过实验或观测得到的。虽然 $f(x)$ 在某个区间 $[a,b]$ 上是存在的，有的还是连续的，但却只能给出 $[a,b]$ 上一系列点 x_i 的函数值 $y_i = f(x_i)$　$(i = 0,\ 1,\cdots,n)$，这只是一张函数表。有的函数虽有解析表达式，但由于计算复杂，使用不方便，通常也造一个函数表，如大家熟悉的三角函数表、对数表、平方根和立方根表等。因此，人们希望根据给定的函数表做一个既能反映函数 $f(x)$ 的特性，又便于计算的简单函数 $P(x)$，用 $P(x)$ 近似 $f(x)$。通常选一类较简单的函数如代数多项式或分段代数多项式作为 $P(x)$，并使 $P(x_i) = f(x_i)$ 对 $i = 0,\ 1,\cdots,n$ 成立。这样确定的 $P(x)$ 就是希望得到的插值函数。例如，在现代机械工业中用计算机程序控制加工机械零件，根据设计可给出零件外形曲线的某些型值点 (x_i, y_i)　$(i = 0,\ 1,\cdots,n)$，加工时为控制每步走刀方向和步数，就要算出零件外形曲线其他点的函数值，才能加工出外表光滑的零件，这就是求插值函数的问题。下面给出有关插值法的定义。

设函数 $y = f(x)$ 在区间 $[a,b]$ 上有定义，且已知在点 $a \leqslant x_0 \leqslant x_1 < \cdots < x_n \leqslant b$ 上的值 $y_0, y_1, \cdots, y_n$，若存在一简单函数 $P(x)$，使

$$P(x_i) = y_i,\quad i = 0,1,\cdots,n$$

成立，就称 $P(x)$ 为 $f(x)$ 的插值函数，点 $x_0,x_1,\cdots,x_n$ 称为插值节点，包含插值节点的区间 $[a,b]$ 称为插值区间，求插值函数 $P(x)$ 的方法称为插值法。若 $P(x)$ 是次数不超过 n 的代数多项式，就称为 $P(x)$ 为插值多项式，相应的插值法称为多项式插值。若 $P(x)$ 为三角多项式，就称为三角插值。函数插值问题的种类有很多，一般要根据被插值函数的特性选择插值函数类，当然选择的插值函数类不同，其效果也不同。

从几何上看，插值法就是求曲线 $y=P(x)$，使其通过给定的一组有序的数据点 $P_i(x_i,y_i)$，$i=0,1,\cdots,n$，并用它近似已知曲线 $y=f(x)$，见图 2-1。这时，曲线 $y=P(x)$ 称为插值曲线，已知曲线 $y=f(x)$ 称为被插曲线。把曲线插值推广到曲面，类似地就有插值曲面、被插曲面与曲面插值法等概念。

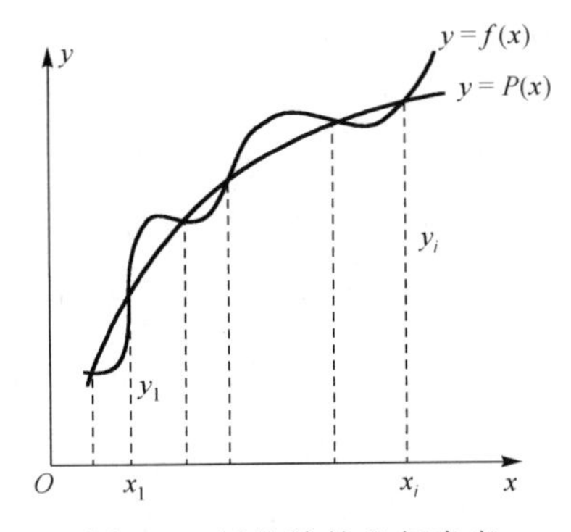

图 2-1　插值法的几何意义

插值法在 CAGD 中有着广泛的应用。通常，插值法用于以下这些情况。

（1）已知某函数的表值，求其在某点的近似值。

（2）已知某函数的表值，求其近似的解析表达式（某函数是由表值给出的，或有解析表达式但过于复杂）。

（3）数值积分。

（4）微分方程求解。

在某些情况下，测量所得或设计员给出的数据点本身就很粗糙，要求构造一条曲线严格通过给定的一组数据点就不恰当。更合理的提法应是，构造一条曲线使之在某种意义下最为接近给定的数据点，称为对这些数据点进行数据拟合（fitting），所构造的曲线称为拟合曲线。这些数据点若原来位于某曲线上，则称该曲线为被拟曲线。构造曲线所采用的数学方法称为曲线拟合法。类似地，可将曲线拟合推广到曲面。

插值与拟合统称为逼近（approximation）。下面分别阐述和分析当前常用的插值和拟合算法的特性。

2.2　拉格朗日插值

若 n+1 个 n 次多项式 $l_k(x)$ $(k=0,1,2,\cdots,n)$ 在 n+1 个节点 $x_0<x_1<\cdots<x_n$ 上满足

$$l_k(x_i)=\begin{cases}1, & i=k\\ 0, & i\neq k\end{cases}$$

则称 $l_k(x)$ 为插值基函数。

显然

$$l_k(x)=\frac{(x-x_0)\cdots(x-x_{k-1})(x-x_{k+1})\cdots(x-x_n)}{(x_k-x_0)\cdots(x_k-x_{k-1})(x_k-x_{k+1})\cdots(x_k-x_n)} \tag{2-1}$$

假设函数 $f(x)$ 在一系列节点 x_i 上的精确值为已知，满足插值条件 $L_n(x_k)=f(x_k)$ $(k=0,\ 1,\ 2,\ \cdots,n)$ 次数为 n 的多项式显然为

$$L_n(x)=l_0(x)f(x_0)+l_1(x)f(x_1)+\cdots+l_n(x)f(x_n) \tag{2-2}$$

这是因为 $L_n(x_k)=l_k(x_k)f(x_k)=f(x_k)(k=0,1,2,\cdots,n)$。

注意：$L_n(x)\in P_n(x)=\{P_n(x)\,|\,P_n\text{为次数}\leqslant n\text{的多项式}\}$，故可表示为基函数 $l_0,l_1,\cdots,l_n$ 的线性组合。

称式（2-2）中 $L_n(x)$ 为拉格朗日插值多项式。

当 $n=1$ 时，$L_1(x)$ 称为线性插值，它可表示为

$$L_1(x)=\frac{(x-x_1)}{(x_0-x_1)}f(x_0)+\frac{(x-x_0)}{(x_1-x_0)}f(x_1) \tag{2-3}$$

显然，$L_1(x)$ 是过点 $(x_0,f(x_0))$、$(x_1,f(x_1))$ 的直线满足条件

$$L_1(x_0)=f(x_0),\quad L_1(x_1)=f(x_1)$$

其几何意义是在区间 $[x_0,x_1]$ 上用直线 $y=L_1(x)$ 来近似曲线 $y=f(x)$，如图 2-2 所示。

当 $n=2$ 时，$L_2(x)$ 称为二次插值，它可表示为

$$L_2(x)=\frac{(x-x_1)(x-x_2)}{(x_0-x_1)(x_0-x_2)}f(x_0)+\frac{(x-x_0)(x-x_2)}{(x_1-x_0)(x_1-x_2)}f(x_1)+\frac{(x-x_0)(x-x_1)}{(x_2-x_0)(x_2-x_1)}f(x_2) \tag{2-4}$$

它是过点 $(x_0,f(x_0))$、$(x_1,f(x_1))$、$(x_2,f(x_2))$ 的抛物线，式（2-4）称为二次插值公式或抛物线插值公式。其几何意义是在区间 $[x_0,x_2]$ 上用抛物线来近似曲线，如图 2-3 所示。

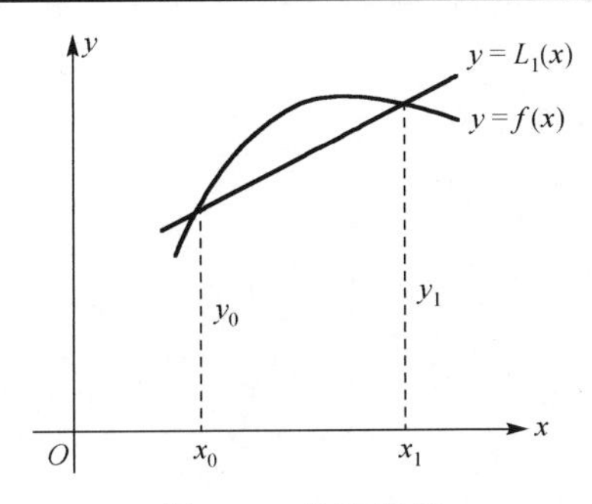

图 2-2　线性插值

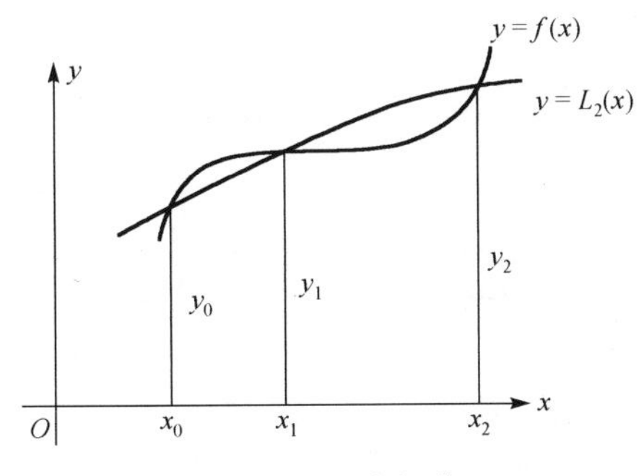

图 2-3　二次插值

拉格朗日插值公式具有结构清晰、紧凑的特点，形式对称，但是，当增加节点时，原来的插值基函数不能立即利用，还需要重新计算。当 n 很大时，多项式的阶数变得很高，使计算变得太复杂而不可行，另外，人们可能认为在给定的区间内选取的节点越多，插值多项式的次数 n 越高，所作的 n 次插值多项式 $L_n(x)$ 逼近被插函数 $f(x)$ 的效果就会越好，事实并非如此。作为一个实例，20 世纪初 Runge 曾给出一个函数，即[4]

$$f(x)=\frac{1}{1+x^2}$$

此函数在区间[−5, 5]上各阶导数均存在，但在该区间上取 $n+1$ 个等距节点

$$x_k=-5+\frac{10}{n}k,\quad k=0,1,\cdots,n$$

作 n 次拉格朗日插值多项式，使 $L_n(x)$ 与 $f(x)$ 在节点上函数值相等。发现当 $n\to\infty$ 时，$L_n(x)$ 仅在 $|x|\leqslant 3.63$ 内收敛于 $f(x)$，而在此区间之外是发散的。这就是高次插值的 Runge 现象，如图 2-4 所示。

所以拉格朗日插值多项式一般应用于理论分析而很少实际应用。

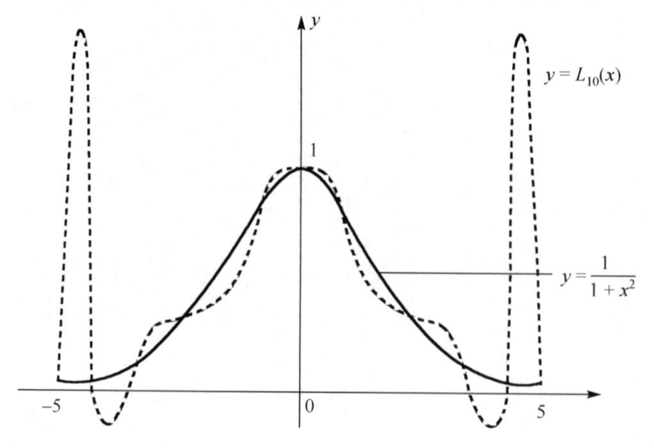

图 2-4 Runge 现象

2.3 B 样 条

实际工程中有时要求插值函数一阶和二阶导数都保持连续以保证高光滑性，而且事先没有给出节点处的导数值，样条函数正好具备这样一些特性：一致收敛性、一阶和二阶导数连续性，又保留非高次的优点，下面简单介绍 B 样条函数和 B 样条曲线[2]。

等距结点情形的 k 次 B 样条函数的基函数构造为

$$\Omega_k(x) = \frac{1}{k!}\sum_{j=0}^{k+1}(-1)^j \binom{k+1}{j}\left(x + \frac{k+1}{2} - j\right)_+^k, \quad k = 0,1,2,\cdots \tag{2-5}$$

其中，符号 $(\cdot)_+ = \max(0,\cdot)$，当 $k = 0,1,2,3$ 时，有

$$\Omega_0(x) = \begin{cases} 1, & |x| < \dfrac{1}{2} \\ \dfrac{1}{2}, & |x| = \dfrac{1}{2} \\ 0, & |x| > \dfrac{1}{2} \end{cases} \tag{2-6}$$

$$\Omega_1(x) = (1 - |x|)_+ \tag{2-7}$$

$$\Omega_2(x) = \frac{1}{2}\left[\left(\frac{3}{2} - |x|\right)_+^2 - 3\left(\frac{1}{2} - |x|\right)_+^2\right] \tag{2-8}$$

$$\Omega_3(x) = \frac{1}{6}\left[\left(2 - |x|\right)_+^3 - 4\left(1 - |x|\right)_+^3\right] \tag{2-9}$$

它们的图像如图 2-5 所示。

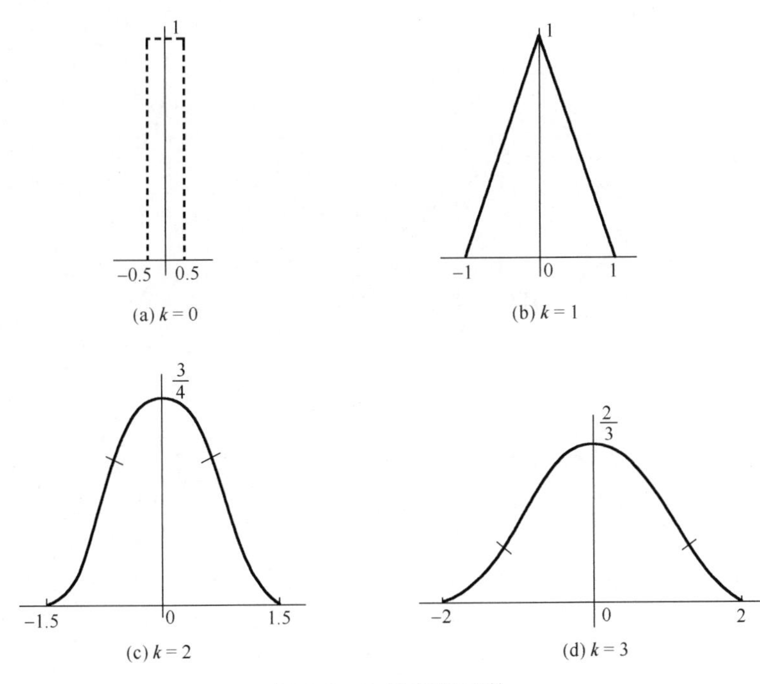

图 2-5　B 样条基函数

k 次 B 样条曲线或称样条磨光曲线可表示成

$$F_k(t)=\sum_j P_j \Omega_k(t-j),\quad t\in[0,n] \tag{2-10}$$

其中，$\{P_j\}$ 为给定的控制点，它包括了延拓型值点 $P_{-1},P_{-2},\cdots$ 和 $P_{n+1},P_{n+2},\cdots$。特别对常用的 $k=2,3$ 的情形，延拓型值点 P_{-1} 和 P_{n+1}，可根据边界条件确定或人为地令 $P_{-1}=P_0,P_{n+1}=P_n$。对封闭曲线拟合，取 $P_{-1}=P_n,P_{n+1}=P_0,P_{-2}=P_{n-1},P_{n+2}=P_1$ 等。图 2-6 给出了 $k=2$, 3 的样条磨光曲线的图示，B 样条曲线实际是一种曲线拟合的方法。

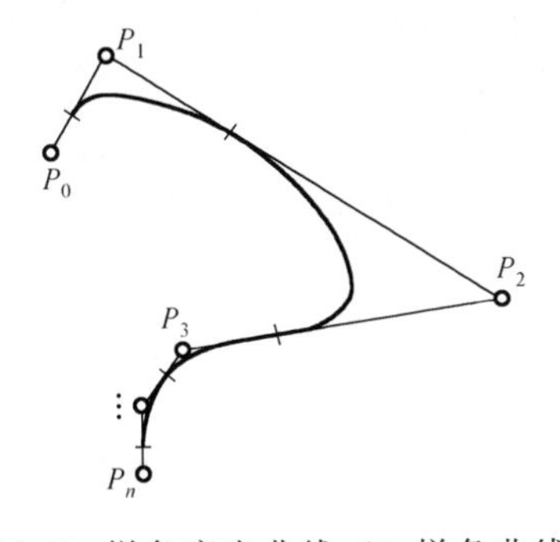

图 2-6　样条磨光曲线（B 样条曲线）

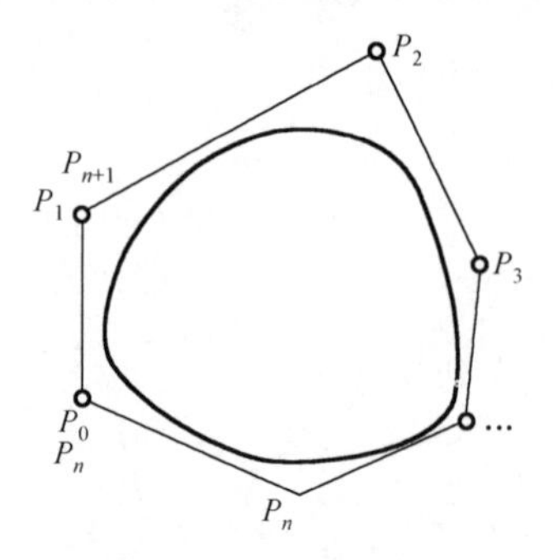

图 2-6　样条磨光曲线（B 样条曲线）（续）

2.4　B 样条插值

从 2.3 节可以知道，三次 B 样条曲线具有一阶导数、二阶导数连续和局部性等优点，但从图 2-6 可以看到，B 样条曲线 $F_k(t)$不经过控制点$\{P_j\}$，即不具备插值性。于是又有了一种 B 样条插值法。下面以三次 B 样条插值法为例来叙述该方法。

令

$$F_3(t)=\sum_j C_j\Omega_3(t-j),\quad t\in[0,n] \tag{2-11}$$

其中，Ω_3 为三次 B 样条基函数，参见式(2-9)，希望 $F_k(t)$ 满足 $F(k)=P_k, k=0,1,\cdots,n$，即要求

$$\begin{cases}F(0)=C_0\Omega_3(0)+C_1\Omega_3(0-1)+C_2\Omega_3(0-2)+\cdots+C_n\Omega_3(0-n)\\F(1)=C_0\Omega_3(1-0)+C_1\Omega_3(1-1)+C_2\Omega_3(1-2)+\cdots+C_n\Omega_3(1-n)\\F(2)=C_0\Omega_3(2-0)+C_1\Omega_3(2-1)+C_2\Omega_3(2-2)+\cdots+C_n\Omega_3(2-n)\\\qquad\vdots\\F(n)=C_0\Omega_3(n-0)+C_1\Omega_3(n-1)+C_2\Omega_3(n-2)+\cdots+C_n\Omega_3(n-n)\end{cases} \tag{2-12}$$

求 $C_0,C_1,\cdots,C_n$ 使

$$\begin{bmatrix}\Omega_3(0)&\Omega_3(-1)&\Omega_3(-2)&\cdots&\Omega_3(0-n)\\\Omega_3(1)&\Omega_3(0)&\Omega_3(-1)&\cdots&\Omega_3(1-n)\\\Omega_3(2)&\Omega_3(1)&\Omega_3(0)&\cdots&\Omega_3(2-n)\\\vdots&\vdots&\vdots&&\vdots\\\Omega_3(n)&\Omega_3(n-1)&\Omega_3(n-2)&\cdots&\Omega_3(0)\end{bmatrix}\begin{bmatrix}C_0\\C_1\\C_2\\\vdots\\C_n\end{bmatrix}=\begin{bmatrix}P_0\\P_1\\P_2\\\vdots\\P_n\end{bmatrix} \tag{2-13}$$

根据 Ω_3 的性质，可得出

$$\Omega_3(0)=\frac{2}{3};\quad \Omega_3(1)=\Omega_3(-1)=\frac{1}{3};\quad \Omega_3(j)=0,\quad |j|\geqslant 2$$

所以，式（2-13）可化简为

$$\begin{bmatrix} \frac{2}{3} & \frac{1}{3} & 0 & 0 & 0 & \cdots & 0 & 0 \\ \frac{1}{3} & \frac{2}{3} & \frac{1}{3} & 0 & 0 & \cdots & 0 & 0 \\ 0 & \frac{1}{3} & \frac{2}{3} & \frac{1}{3} & 0 & \cdots & 0 & 0 \\ \vdots & \vdots & \vdots & \vdots & \vdots & & 0 & 0 \\ 0 & 0 & 0 & 0 & 0 & \cdots & \frac{1}{3} & \frac{2}{3} \end{bmatrix} \begin{bmatrix} C_0 \\ C_1 \\ C_2 \\ \vdots \\ C_n \end{bmatrix} = \begin{bmatrix} P_0 \\ P_1 \\ P_2 \\ \vdots \\ P_n \end{bmatrix} \tag{2-14}$$

式（2-14）等式两边同乘以 3，得

$$\begin{bmatrix} 2 & 1 & 0 & 0 & 0 & \cdots & 0 & 0 \\ 1 & 2 & 1 & 0 & 0 & \cdots & 0 & 0 \\ 0 & 1 & 2 & 1 & 0 & \cdots & 0 & 0 \\ \vdots & \vdots & \vdots & \vdots & \vdots & & 0 & 0 \\ 0 & 0 & 0 & 0 & 0 & \cdots & 1 & 2 \end{bmatrix} \begin{bmatrix} C_0 \\ C_1 \\ C_2 \\ \vdots \\ C_n \end{bmatrix} = \begin{bmatrix} 3P_0 \\ 3P_1 \\ 3P_2 \\ \vdots \\ 3P_n \end{bmatrix} \tag{2-15}$$

设

$$\boldsymbol{A}=\begin{bmatrix} 2 & 1 & 0 & 0 & 0 & \cdots & 0 & 0 \\ 1 & 2 & 1 & 0 & 0 & \cdots & 0 & 0 \\ 0 & 1 & 2 & 1 & 0 & \cdots & 0 & 0 \\ \vdots & \vdots & \vdots & \vdots & \vdots & & 0 & 0 \\ 0 & 0 & 0 & 0 & 0 & \cdots & 1 & 2 \end{bmatrix}$$

它是非奇异矩阵，因此，方程组式（2-15）有唯一解，可求出 $C_0,C_1,\cdots,C_n$。

三次 B 样条插值法满足了 $F(k)=P_k,k=0,\ 1,\cdots,n$，但是需要求解方程组，给计算带来麻烦，同时，也失去了 B 样条原有的局部性质和凸包性质。

2.5　非均匀有理 B 样条

非均匀有理 B 样条（Non-Uniform Rational B-Splines，NURBS）[2]是 B 样条曲线的一个推广，它可以表达上述若干方法所不能精确表达的二次曲面，如圆柱面、圆锥面、圆环面等几何形体，因而得到广泛应用。

NURBS 曲线定义为

$$C(t)=\frac{\sum_{i=0}^{n}\omega_i P_i N_{i,p}(t)}{\sum_{i=0}^{n}\omega_i N_{i,p}(t)}=\sum_{i=0}^{n}R_{i,p}P_i$$

其中，ω_i为权因子；P_i为控制顶点；$N_{i,p}(t)$是次非等距结点基本样条函数，它可以通过递推关系定义[3]

$$N_{i,0}(t)=\begin{cases}1, & t_i \leqslant t \leqslant t_{i+1}\\ 0, & \text{其他}\end{cases}$$

$$N_{i,p}(t)=\frac{t-t_i}{t_{i+p}-t_i}N_{i,p-1}(t)+\frac{t_{i+p+1}-t}{t_{i+p+1}-t_{i+1}}N_{i+1,p-1}(t)$$

其中，$\{t_i\}$为非递减实数序列$t_0 \leqslant t_1 \leqslant t_2 \leqslant \cdots \leqslant t_m$。在一般情况下，这个数列为

$$\alpha,\alpha,\cdots,\alpha,t_{p+1},\cdots,t_{m-p-1},\beta,\beta,\cdots,\beta$$

α、β的重复度为$p+1$，在实用中一般取$\alpha=0,\beta=1$。关于 NURBS 的详细讨论见文献[2]。基于 NURBS 方法的造型举例如图 2-7 所示。

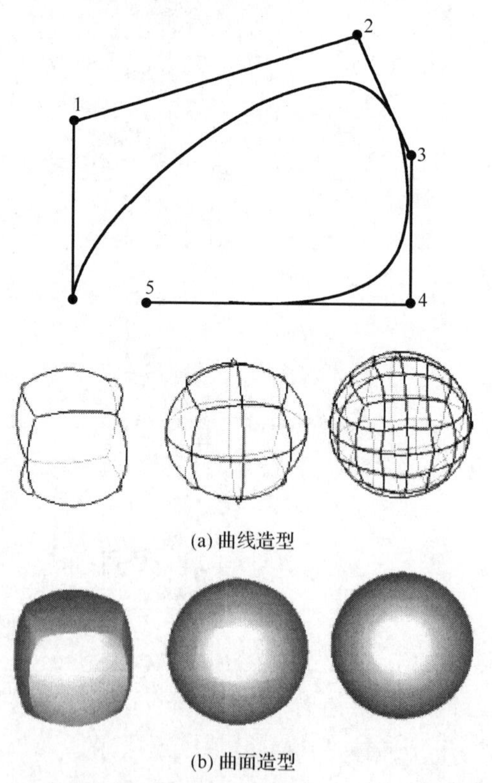

(a) 曲线造型

(b) 曲面造型

图 2-7　NURBS 曲线、曲面造型

2.6　Bezier 曲线

进行曲线、曲面设计时，从设计的角度出发，有时希望曲线曲面的形状取决于所选定点的端点条件。法国雷诺（Renault）汽车公司的优秀工程师 Bezier 于 1962 年提出了以逼近为基础的曲线曲面设计系统，名为 UINSURF[5]，该方法成为该公司第一条工程流水线的数学基础。随后，Forrest[6]、Gordon 和 Riesenfeld[7] 等对 Bezier 方法进行了深入的研究，揭示了 Bezier 方法与 Bernstein 多项式[8]的联系。Ryan 航空公司和英国剑桥大学都曾应用过 Bezier 方法，前者于 1972 年用 Bernstein-Bezier 曲面片（BBP）建立了曲线和曲面系统，后者开发了 DUCT 系统[9]。Farin[10]则研究了有理 Bezier 曲线。国内的学者也对 Bezier 方法进行了大量研究，包括早期的常庚哲和吴骏恒[11]、苏步青和刘鼎元[12]、汪国昭[13]、施法中和吴骏恒[14]等的论文。随后，马德昌[15]、康宝生[16]等对 Bezier 方法进行了研究和拓展。下面阐述 Bezier 曲线的定义与性质。

设 $P_0,P_1,\cdots,P_n$ 为 $n+1$ 个给定的控制点，它们可以是平面的点，也可以是空间的点。又有一组 Bernstein 多项式为

$$B_i^n(t)=\begin{pmatrix} n \\ i \end{pmatrix}(1-t)^{n-1}t^i,\quad i=0,1,\cdots,n \tag{2-16}$$

（约定当 $i<0$ 或 $i>n$ 时，$B_i^n(t)\equiv 0$）以它们为调配函数构成的曲线

$$B^n(t)=B^n(P_0,P_1,P_2,\cdots P_n;t)=\sum_{i=0}^{n}P_iB_i^n(t),\quad 0\leqslant t\leqslant 1 \tag{2-17}$$

称为以 $\{P_i,i=0,1,2,\cdots,n\}$ 为控制点的 n 次 Bezier 曲线，也常把 $\{P_i,i=0,1,2,\cdots,n\}$ 称为 Bezier 点，顺次以直线段连接 $P_0,P_1,\cdots,P_n$ 的折线，不管是否闭合，都称为 Bezier 多边形。

图 2-8 和图 2-9 为二次 Bezier 曲线和三次 Bezier 曲线的例子，用以验证二次及二次以上的 Bezier 曲线有如下性质。

（1）Bezier 曲线的首末端点正好是 Bezier 多边形的首末顶点，即 $B^n(0)=P_0$，$B^n(1)=P_n$，但 Bezier 曲线不经过除首末端点外的其他控制点（$\{P_i,i=1,2,3,\cdots,n-1\}$）。改变其中某些控制点的位置，整个 Bezier 曲线的形状随之改变。

（2）Bezier 曲线在首末端点的 k 阶导矢分别与 Bezier 多边形的首末 k 条边有关，与其他边无关。这表明曲线在首末端点分别与首末条边相切。

（3）几何不变性与仿射不变性。

（4）凸包性。

Bezier 曲线实际是一种曲线拟合的方法。

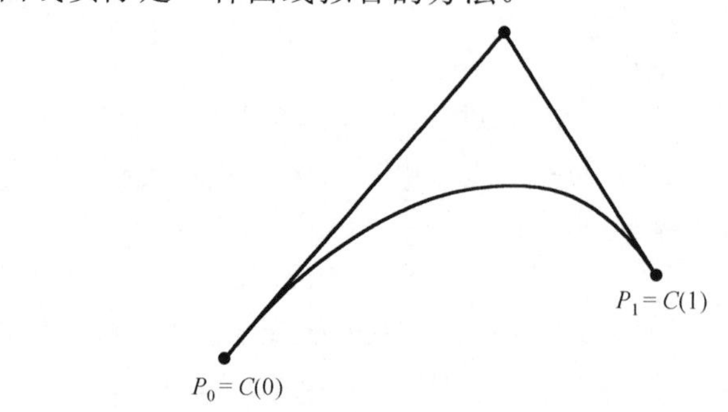

图 2-8　二次 Bezier 曲线

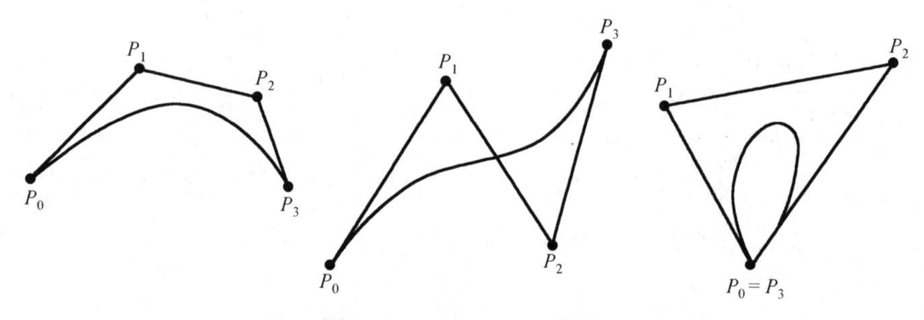

图 2-9　三次 Bezier 曲线

2.7　克里金插值算法

克里金（Kriging）插值法又称为空间自协方差最佳插值法，它是以南非矿业工程师 Krige 的名字命名的一种最优内插法。克里金法广泛地应用于地下水模拟、土壤制图等领域，是一种很有用的地质统计格网化方法。它首先考虑的是空间属性在空间位置上的变异分布。确定对一个待插点值有影响的距离范围，然后用此范围内的采样点来估计待插点的属性值。该方法在数学上可对所研究的对象提供一种最佳线性无偏估计（某点处的确定值）的方法。它是考虑了信息样品的形状、大小和待估计块段相互间的空间位置等几何特征以及空间结构之后，为达到线性、无偏和最小估计方差的估计，而对每一个样品赋予一定的系数，最后进行加权平均来估计块段品位的方法。但它仍是一种光滑的内插方法，在数据点多时，其内插的结果可信度较高。

克里金法分为常规克里金插值（常规克里金模型/克里金点模型）和块克里金插值。

常规克里金插值的内插值与原始样本的容量有关，当样本数量较少的情况下，采用简单的常规克里金模型内插的结果图会出现明显的凹凸现象。

块克里金插值是通过修改克里金方程以估计子块内的平均值来克服克里金点模型的缺点，对估算给定面积实验小区的平均值或对给定格网大小的规则格网进行插值比较适用。块克里金插值估算的方差结果常小于常规克里金插值，所以，生成的平滑插值表面不会发生常规克里金模型的凹凸现象。

按照空间场是否存在漂移（drift）可将克里金插值分为普通克里金和泛克里金插值法，其中普通克里金（Ordinary Kriging，OK）常称为局部最优线性无偏估计，线性是指估计值是样本值的线性组合，即加权线性平均，无偏是指理论上估计值的平均值等于实际样本值的平均值，即估计的平均误差为 0，最优是指估计的误差方差最小。

反距离加权法（IDW）和样条函数法插值工具被称为确定性插值方法，因为这些方法直接基于周围的测量值或确定生成表面的平滑度的指定数学公式。第二类插值方法由地质统计方法（如克里金法）组成，该方法基于包含自相关（即测量点之间的统计关系）的统计模型。因此，地质统计方法不仅具有产生预测表面的功能，而且能够对预测的确定性或准确性提供某种度量。

克里金法是通过一组具有 z 值的分散点生成估计表面的高级地质统计过程。

克里金法假定采样点之间的距离或方向可以反映可用于说明表面变化的空间相关性。克里金法工具可将数学函数与指定数量的点或指定半径内的所有点进行拟合以确定每个位置的输出值。克里金法是一个多步过程，它包括数据的探索性统计分析、变异函数建模和创建表面，还包括研究方差表面。当了解数据中存在空间相关距离或方向偏差后，便会认为克里金法是最适合的方法。该方法通常用在土壤科学和地质科学中。

由于克里金法可对周围的测量值进行加权以得出未测量位置的预测，因此它与反距离权重法类似。这两种插值器的常用公式均由数据的加权总和组成，即

$$\hat{Z}(S_0)=\sum_{i=1}^{N}\lambda_i Z(S_i) \tag{2-18}$$

其中，$Z(S_i)$ 为第 i 个位置处的测量值；λ_i 为第 i 个位置处的测量值的未知权重；S_0 为预测位置；N 为测量值数。

在反距离权重法中，权重 λ_i 仅取决于预测位置的距离。但是，使用克里金方法时，权重不仅取决于测量点之间的距离、预测位置，还取决于基于测量点的整

体空间排列。要在权重中使用空间排列，必须量化空间自相关。因此，在普通克里金法中，权重λ_i取决于测量点、预测位置的距离和预测位置周围的测量值之间空间关系的拟合模型。

文献[17]描述了一种基于克里金法来修复破损彩色油画图像的方法。克里金法运用空间结构分析进行估值，充分利用了数据空间场的性质，在计算中很好地反映了空间场的各向异性，同时也较好地利用了未采样处的空间相关性。通过采样点空间分布的自动识别来改变权值的大小，从而消除了因为采样不均而形成的误差。从文献[17]的实验结果中也可以看出克里金法的修复效果良好。不同方法对不同类型破损图像的修复结果，表明了克里金法对图像修复的有效性。

2.8 现有算法小结

算法的好坏直接影响最终几何造型的效果，首先在进行几何设计时人们希望算法应满足点点通过的特性，如生成的曲线曲面通过事先给定的所有控制点而不是接近控制点，把这种特性称为插值性。其次，希望算法具有局部性，即修改局部数据的特性而不影响全局的形状，在几何造型的很多领域都需要算法能保证局部性，如在进行汽车、飞机外形设计和动画卡通设计时，在保持现有外形设计不变的条件下改动局部某区域的设计，进行局部修改。同时还希望算法具有显式特性，即不需求解方程组求得所有型值点，从而加快计算速度，也保证了算法的精度。所以算法的局部性、插值性和显式特性在实际应用当中具有无可比拟的优越性，这也是研究局部插值显式算法的原因所在。现有的几种具有代表性算法中，插值算法都具备点点通过的特性，如拉格朗日插值、Hermite 插值、B 样条插值等。但拉格朗日插值算法随着控制点的数目增多，插值函数的阶数增高，非常不利于计算，故实际应用中一般不使用它，Hermite 插值需要给出插值点的导数或切线方向的信息，B 样条插值需要求解方程组，给计算带来不便。如前面所述，克里金算法虽然对图像修复具有良好的效果，但克里金算法需要求解方程组，不是一种显式算法，算法速度效率有待进一步提高。具有局部性的代表性算法有 B 样条拟合和有理 B 样条算法，但 B 样条拟合和有理 B 样条算法生成的曲线曲面虽然可由控制点控制其形状，但不一定通过所有控制点，不具备插值性，这是一种拟合的算法而非插值算法。具有显式特性的代表性算法有 B 样条拟合、有理 B 样条和 Bezier 拟合算法。综上所述，现有几种具有代表性的算法的特性比较如表 2-1 所示。

表 2-1　具有代表性的算法的特性比较

特性 算法	局部性	显式性	插值性
拉格朗日插值	×	✓	✓
B 样条插值	×	×	✓
B 样条拟合	✓	✓	×
Bezier 拟合	×	✓	×
有理 B 样条	✓	✓	×
克里金算法	×	×	✓

由此可见，上述算法中，尚没有一种算法能满足所有的特性要求。那么能否找到一种算法在进行几何造型时能满足以上所有的特性呢？问题的关键在于调配函数如何选择。幸运的是，多结点样条插值函数可满足这一要求。

2.9　多结点样条插值算法

在以上问题的背景下，在 20 世纪 70 年代提出的一种新的局部插值显式算法即多结点样条插值[18-23]就能满足以上所述的局部插值显式特性，既点点通过、不求解方程组，还保留局部性，参见表 2-2。它不需要控制点的切线信息，多项式的阶数不会随节点增多而增高，并具有对称性和 C^{k-1} 导数连续性。

表 2-2　多结点样条插值算法特点分析

特性	是否满足
局部性	✓
不求解方程组（显式）	✓
点点通过（插值性）	✓

多结点样条插值为什么有如上所述特点，它又是如何构造的？关于多结点样条的计算公式和详细推导请参考文献[18]～文献[21]，在这里只给出简单描述。

2.1.3 节中讲到 k 次 B 样条基函数 $\Omega_k(x)$，现在利用 $\Omega_k(x)$ 构造具有对称性的、有限支集的、拉格朗日型的基函数。

令

$$q_k(x) = t_0\Omega_k^{<\alpha_0>}(x) + t_1\Omega_k^{<\alpha_1>}(x) + t_2\Omega_k^{<\alpha_2>}(x) + \cdots + t_{k-1}\Omega_k^{<\alpha_{k-1}>}(x) \qquad (2\text{-}19)$$

其中，$t_0,t_1,\cdots,t_{k-1}$ 为待定系数；符号 $\Omega_k^{<>}(x)$ 的含义为 $\Omega_k^{<l>}(x)=\dfrac{1}{2}[\Omega_k(x+l)+\Omega_k(x-l)]$，$l\neq 0$，且 $\alpha_0,\alpha_1,\cdots,\alpha_{k-1}$ 互不相等，即 $\{\Omega_k^{<\alpha_j>}\}(x)$ 线性无关。取 $\alpha_0=0$，让 $q_k(x)$ 满足 $q_k(i)=\delta_{i0},i=0,1,2,\cdots,k-1$，则可解出 t_0，$t_1,\cdots,t_{k-1}$，多结点样条基函数的具体表达式为

$$q_1(x)=\Omega_1(x) \tag{2-20}$$

$$q_2(x)=2\Omega_2^{<0>}(x)-\Omega_2^{<\frac{1}{2}>}(x) \tag{2-21}$$

$$\begin{aligned}q_3(x)&=\frac{10}{3}\Omega_3^{<0>}(x)-\frac{8}{3}[\Omega_3^{<\frac{1}{2}>}(x)]+\frac{1}{12}[\Omega_3^{<1>}(x)]\\&=\frac{10}{3}\Omega_3(x)-\frac{4}{3}\left[\Omega_3\left(x+\frac{1}{2}\right)+\Omega_3\left(x-\frac{1}{2}\right)\right]+\frac{1}{6}[\Omega_3(x+1)+\Omega_3(x-1)]\end{aligned} \tag{2-22}$$

它们的形状如图 2-10 所示。从以上构造过程可以总结多结点样条的基函数有如下性质。

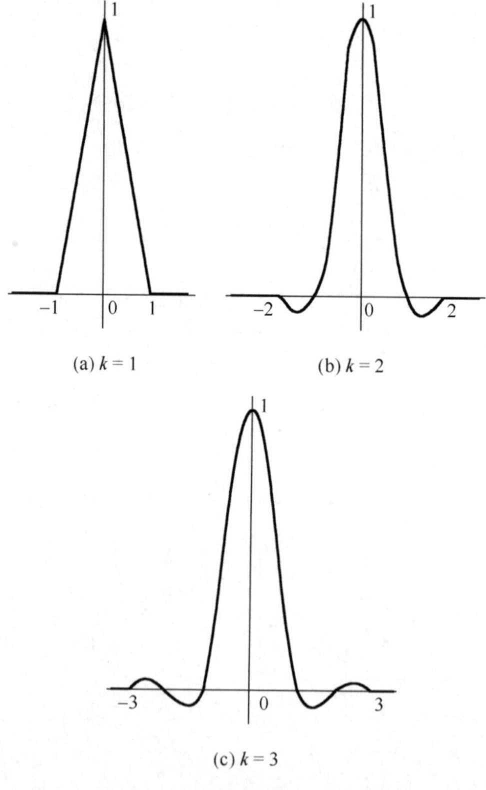

图 2-10　多结点样条基函数

（1） $q_k(i)=\delta_{i0}$，表示 $q_k(x)$ 在零点上值为 1，其他整数结点上值为 0。

（2） $q_k(i)\equiv 0$，当 $|x|\geqslant k$ 时，表示 $q_k(x)$ 为有限支集，表明 $q_k(x)$ 有局部性。

（3） $\int_{-\infty}^{\infty} q_k(x)\mathrm{d}x=\int_{-k}^{k} q_k(x)\mathrm{d}x=1, \sum_{n=-\infty}^{\infty} q_k(x+n)=1, \forall x\in R$，表示 $q_k(x)$ 具有规范性。

（4） $q_k(x)\in C^{k-1}$，表示 $q_k(x)$ 有 C^{k-1} 连续光滑性。

（5） $q_k(x)=q_k(-x)=q_k(-|x|)$，表示 $q_k(x)$ 具有对称性。

以三次多结点样条基函数（参见式（2-21））为例，从它的构造可以看出，它是由三次 B 样条拟合的基函数经过平移线性组合而得到的，继承了三次 B 样条拟合的基函数的一些特性，如偶对称性、显式特性（不求解方程组）、一阶和二阶导数连续性。二阶导数的连续性可保证构造的曲线曲面的光滑性，同时由于经过平移和线性组合后，它又增加了三次 B 样条插值的基函数所不具备的特性，三次多结点样条插值基函数有 $q_3(0)=1$，表明基函数在 $x = 0$ 处的值为 1，用三次多结点样条插值得到的曲线公式如下所示

$$F_M(t)=\sum_{j=0}^{k-1} P_j q_3(t-j),\quad t\in[0,k-1],\quad F_M(j)=P_j \tag{2-23}$$

由于基函数 $q_3(x)$ 在 $x=0$ 处的值为 1，x 等于其他整数点时基函数的值等于 0，所以当 $t=j$ 时，$F_M(j)=P_j$，这就表明，曲线经过所有控制点，即点点通过，又根据三次多结点样条基函数性质可知，如果 $j=\pm1,2,3$ 或 $j>3$ 或 $j<-3$，则 $q_3(j)=0$，每个控制点对邻近点的影响域不超过 3 个节点，即表明三次多结点样条插值具有局部性，式（2-22）可简化为

$$F_M(t)=\sum_{j=(\mathrm{int})t-2}^{t+3} P_j q_3(t-j),\quad t\in[0,k-1],\quad F_M(j)=P_j \tag{2-24}$$

用三次 B 样条基函数 $\Omega_3(x)$（参见式（2-9））拟合得到的曲线公式如下所示

$$F_B(t)=\sum_{j=0}^{k-1} P_j \Omega_3(t-j),\quad t\in[0,k-1],\quad F_B(j)\neq P_j \tag{2-25}$$

由于基函数 $\Omega_3(x)$ 在 $x=0$ 处的值为 1，$|x|\geqslant 2$ 时基函数的值才等于 0，所以当 $t=j$ 时，$F_B(j)\neq P_j$，这就表明，曲线不一定经过所有控制点，不具备插值性。图 2-11 表示多结点样条和 B 样条曲线的比较，从图中可看出多结点样条插值曲线点点通过而 B 样条拟合曲线则无此特性。

由于多结点样条插值算法的优越性，它能否像 Bezier 拟合算法、B 样条算法那样得到广泛应用呢？事实上，它已成功地应用于飞机外形、进气道、机翼、海洋、地质的数据处理[21-27]，多结点样条插值算法的理论也有了进一步的发展和完

善。Dahmen、Goodman 和 Micchelli[28]注意到了多结点样条插值算法的理论价值并发展了这种算法；Shen 和 Riemenschneider[29]扩展了这种理论；文献[30]的作者构造了一类新的多结点样条基本函数，这种新型的多结点样条基本函数考虑了分片线性和正交的特性；文献[31]和文献[32]的作者构造了一类带参数的多结点样条基本函数，这类函数不仅保持了一般多结点样条函数的优点，而且由于参数的引进，使得基数型的插值公式可形成一族，于是可以根据实际问题的需要在函数（曲线）族中作出最优选择。带参数的多结点样条函数，除了能用于表达平滑的数据和几何造型，尤其能适应波动较大、频率较高的数据拟合问题，这有助于解决信号处理和非规则几何造型的一些问题；文献[33]的作者在普通的多结点样条中加入相当于导数条件的可控参数，通过调节这些参数可以控制插值曲线在各型值点的切向量，从而达到满意的曲线造型效果，该方法保持了多结点样条的优越性（基数性、局部性），因此可以只对插值曲线进行局部调整而不影响其余数据，这有助于 CAGD 领域的工程人员去设计、调整曲线的形状。

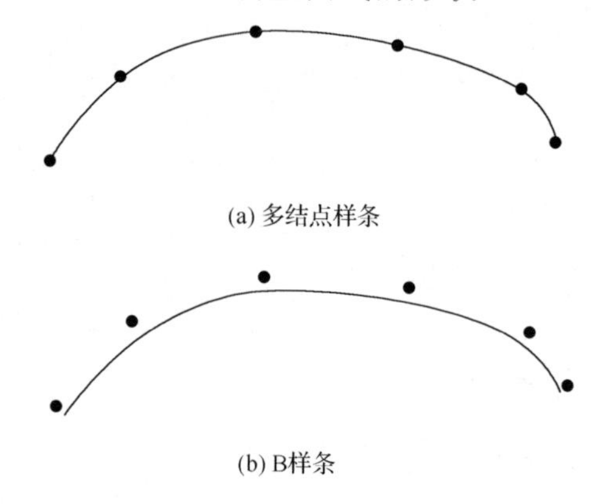

(a) 多结点样条

(b) B样条

图 2-11　多结点样条和 B 样条曲线的比较

本书的主要工作是进一步研究这种局部显式插值算法的扩展及其应用。在本书后面的叙述中，将探讨多结点样条插值算法在变形与动画设计、信号分解、图像多分辨率表示、多层次曲面造型、几何建模的修补、图像合成以及信息隐藏等方面的应用，实现若干算法和实例。

2.10　本 章 小 结

算法的局部性、插值性、显式性在实际应用中有着很大的优越性。本章首先对具有代表性的几种常用插值拟合算法进行了叙述讨论，通过分析比较可知，常用算法没有一个能同时满足局部性、插值性和显式性。而多结点样条插值算法则同时具有局部性、插值性、显式性，此外，多结点样条插值算法不需要端点的切线信息，当节点增加时，插值多项式的阶数保持不变，不会随节点的增加而增加，给实际应用带来很多方便和好处，是一种具有实际意义的局部插值算法。本章提出并实现了一种基于多结点样条插值的变形与动画设计方法，并给出了相应的实例，取得了栩栩如生的效果。此外，本章最后给出了与样条函数不同类型的克里金插值方法，该方法是根据相关（即测量点之间的统计关系）的统计模型由相应的统计方法计算插值结果。

第3章　基于多结点样条插值的多层次算法

3.1　概　　述

多分辨率分析作为傅里叶分析的重大发展，广泛用于数字几何。历史上，傅里叶分析几乎一开始就成为各种类型数据分析的首选工具，并普遍行之有效。然而，就数据的来源来说，傅里叶分析应用上的成功首先是线性系统，数据应有周期和平稳的内在属性。对于非线性、非平稳的情形，三角函数的线性叠加都将引入谐波分量。针对非线性、非平稳信号分析问题，Huang 等[34]提出了一种基于经验模式分解（Empirical Mode Decomposition，EMD）的 Hilbert 谱分析方法[34]。EMD 分解是一种基于局部时间尺度的自适应、高效率的分解方法，适用于非线性、非平稳数据的分析和处理。以此为基础得到的 Hilbert 谱具有很好的时频局部性。

Huang 等定义的固有模式函数（Intrinsic Mode Function，IMF），是指满足如下两个条件的函数。

（1）在数据范围内，过零点的个数与极值点的个数相等或相差为 1。

（2）在任意点处，由局部极大值点确定的上包络线与由局部极小值点确定的下包络线的均值为零。

这样的固有模式函数是瞬时频率处处有意义的函数，它代表了信号内部固有的振荡性质。

EMD 是将信号分解为一系列函数。它的实现步骤是，首先对原始信号寻找局部极值点；并根据一系列的局部极值点，拟合出上包络与下包络（通常用三次样条函数插值方法）；继而得到上、下包络的平均值及其偏离误差，反复修正，最后得到满足误差要求的函数系列，这个函数系列就是固有模式函数（IMF）。

基于多结点样条插值的多层次信号分解方法，是数据的多分辨率分解及合成问题中的一类 EMD 分解方法，给出 EMD 分解中的一类模式函数的构造方法，采用了具有局部支集的多结点样条函数。它不以寻找原始信号局部极值点为前提，而是以大尺度步长、选取少量原始信号为出发点。然后逐步缩小尺度，通过对偏离误差的反复修正，给出满足误差要求的函数系列。这种分解方式得到的函数系列，不是 Huang 等定义的 IMF。但是，由于我们的目的是在多分辨率多尺度的层次模型上实现数据分解，对于信号数据的波动性并没有给定强制性的限制，所以，作出的分解将有较强的适应能力，尤其对表达数字几何信息的数据难于满足 Huang 等定义的 IMF 条件时，这个方法比较适用。

3.2　多结点经验模式分解

本章将通过多结点样条函数（参见第 2 章 2.2 节）来构造多结点模式函数系列（Mang-kont Mode Function，MMF）。给定数据 $P_i, i = 0,1,2,\cdots,N$，通过 EMD 可以将一个信号分解为若干个 MMF 函数，并且由于 MMF 来自具有局部支集的拉格朗日型多结点样条基本函数，所以，对非线性、非平稳信号将有更好的分解效率。

设序列 $t_0 < t_1 < t_2 < \cdots < t_N$ 为一组参数，该组参数所对应的原始数据信号为 $y_0, y_1, y_2, \cdots, y_N$，不失一般性，$N = 2^p + 1$，$t_j = t_0 + j\Delta t$，$j = 0, 1, \cdots, 2^p$。设 $h_0 = (t_N - t_0)/2$ 为单位步长，因为 $t_j = t_0 + j\Delta t$，$j = 0, 1, \cdots, 2^p$，S_k 表示第 k 次加密后的插值结点集合，S_k 插值结点的个数为 $m = 0, 1, 2, \cdots, 2^k$，则以 h_0 为步长的第一个多结点样条拟合曲线定义为

$$F_0(t) = \sum_{j \in S_0} y_j q_3\left(\frac{t}{h_0} - j\right), \quad t \in [0, N] \tag{3-1}$$

令 $\varepsilon_0(j) = F_0(j) - y_j, j = 0,1,\cdots,2^p$，则 $\varepsilon_0(j)$ 为拟合曲线与原始数据信号在 $j = 0,1,\cdots,2^p$ 处的 0 次误差。以该组误差为控制信号，作第二个多结点样条拟合曲线为

$$E_0(t) = \sum_{j \in S_1} \varepsilon_0(j) q_3\left(\frac{t}{h_1} - j\right), \quad t \in [0, N] \tag{3-2}$$

其中，$h_1 = (t_N - t_0)/2^2 = h_0/2$。

于是有

$$F_1(t) = F_0(t) + E_0(t), \quad t \in [0, N]$$

一般地

$$F_k(t) = F_{k-1}(t) + E_{k-1}(t), \quad t \in [0, N], k = 1,2,\cdots,p \tag{3-3}$$

其中

$$E_{k-1}(t)=\sum_{j\in S_k}\varepsilon_{k-1}(j)q_3\left(\frac{t}{h_k}-j\right),\quad t\in[0,N]$$

$$h_k=(t_N-t_0)/2^{k-1}=h_{k-1}/2$$

即

$$\begin{aligned}F_p(t)&=F_{p-1}(t)+E_{p-1}(t)\\&=F_0(t)+E_0(t)+E_1(t)+\cdots+E_{p-1}(t),\quad t\in[0,N]\end{aligned}\tag{3-4}$$

理论上 $F_p(j)=y_j$，而在实际计算中，对给定的误差 $\varepsilon>0$，计算仅对 $S_J=\{j|\ |\varepsilon_k(j)|\geqslant\varepsilon\}$ 进行。由式(3-3)可知，原始连续平稳信号 $F_p(t)$ 可分解成 $F_0(t),E_0(t),E_1(t),\cdots,E_{p-1}(t),\ \ t\in[0,N]$；而原始离散数据信号 $F_p(j)$ 可分解成 $F_0(j),\varepsilon_0(j),\varepsilon_1(j),\cdots,\varepsilon_{p-1}(j)$。

3.3 数据的经验模式分解实例

本节给出三个基于多结点样条插值的多层次信号分解方法实例，分别为随机信号、爆炸波、平稳曲线的分解，如图 3-1、图 3-2 和图 3-3 所示。图中，采样点取 257 个点，横坐标为 257 个采样点的位置，纵坐标表示采样点的原始数据或相对应的误差值。图 3-1～图 3-3 中，图(a)表示原始数据信号；图(b)表示取 5 个采样点后的多结点样条拟合曲线；图(c)表示第 1 次拟合曲线与原始数据相对应的误差；图(d)表示从误差数据(c)中取 9 个采样点后的多结点样条拟合曲线；图(e)表示拟合曲线(d)与误差数据(c)的第 2 次误差；图(f)表示从误差数据(e)中取 17 个采样点后的多结点样条拟合曲线；图(g)表示拟合曲线(f)与误差数据(e)的第 3 次误差；图(h)表示从误差数据(f)中取 33 个采样点后的多结点样条拟合曲线；图(i)表示拟合曲线(h)与误差数据(f)的第 4 次误差；图(j)表示从误差数据 i 中取 65 个采样点后的多结点样条拟合曲线；图(k)表示拟合曲线(j)与误差数据(i)的第 4 次误差；图(l)表示从误差数据(k)中取 129 个采样点后的多结点样条拟合曲线；图(m)表示拟合曲线(l)与误差数据 k 的第 5 次误差；图(n)表示从误差数据(m)中取 257 个采样点后的多结点样条拟合曲线。最后误差为 0，表明计算结果与理论一致。

这种基于多结点模式函数的数据分解方法，分解次数有限，步骤非常简单、明了、有效，该方法对平稳信号分解之后高频信号衰减很快，对随机信号经过有限次数的分解，最后误差也变为零，可用于数据压缩、数据分解和数据隐藏等应用领域。

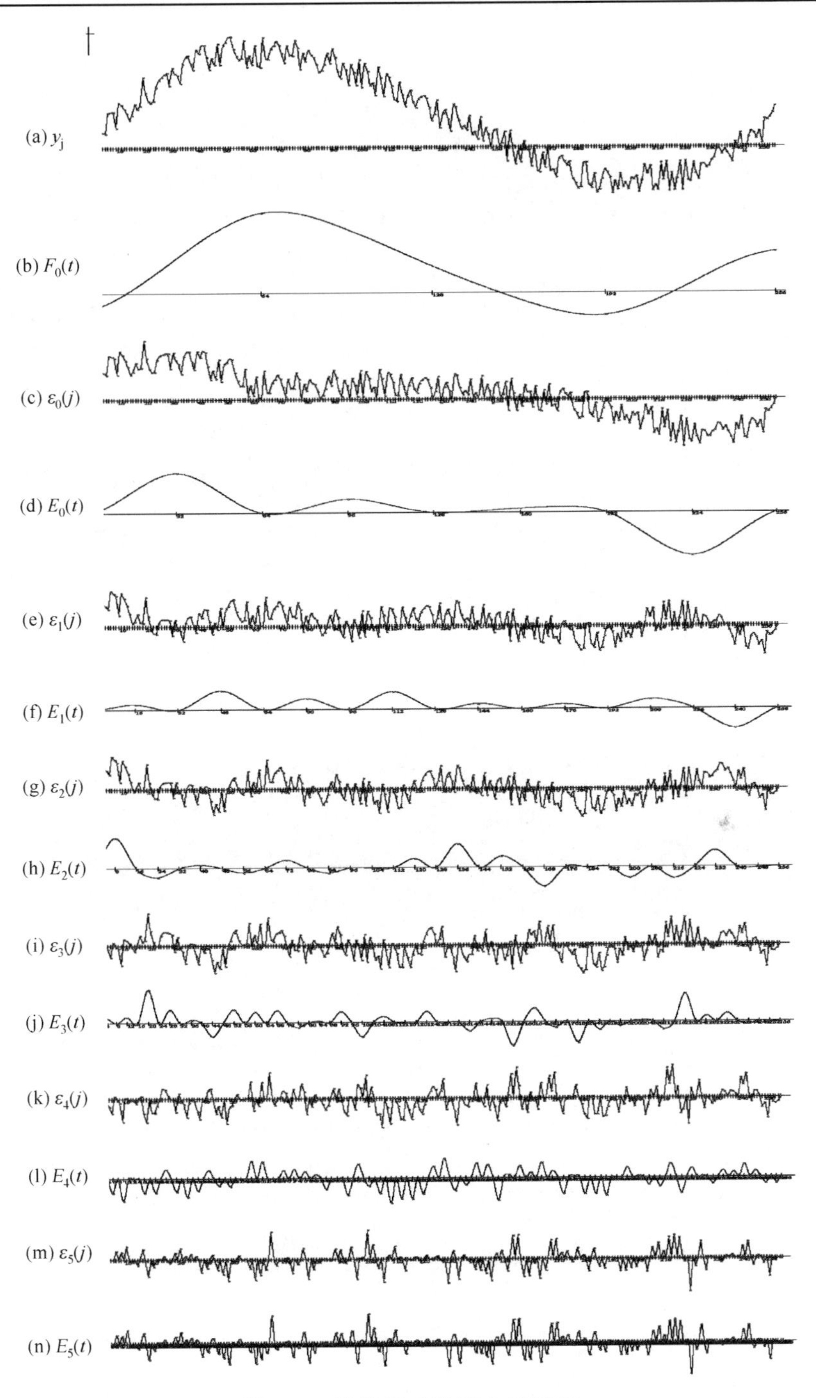

图 3-1　随机信号数据分解过程

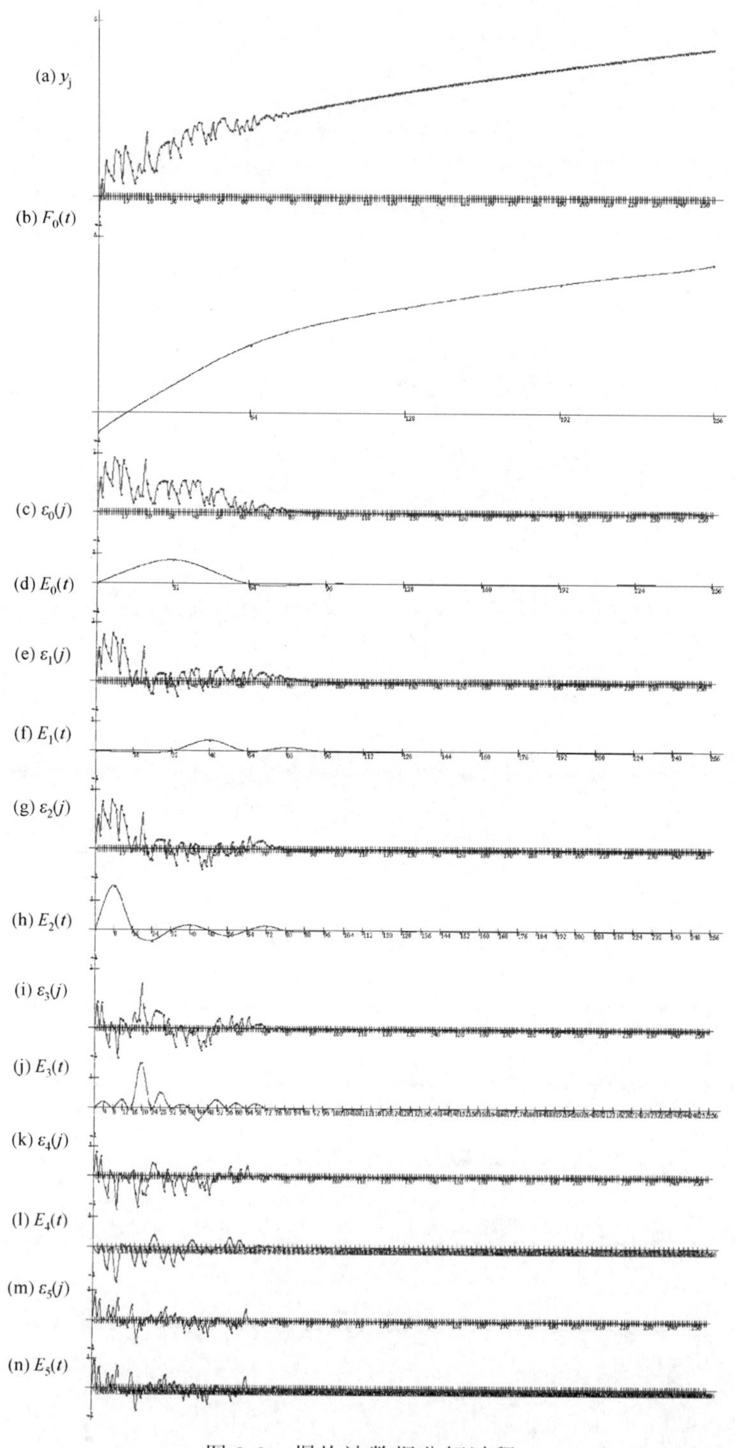

图 3-2　爆炸波数据分解过程

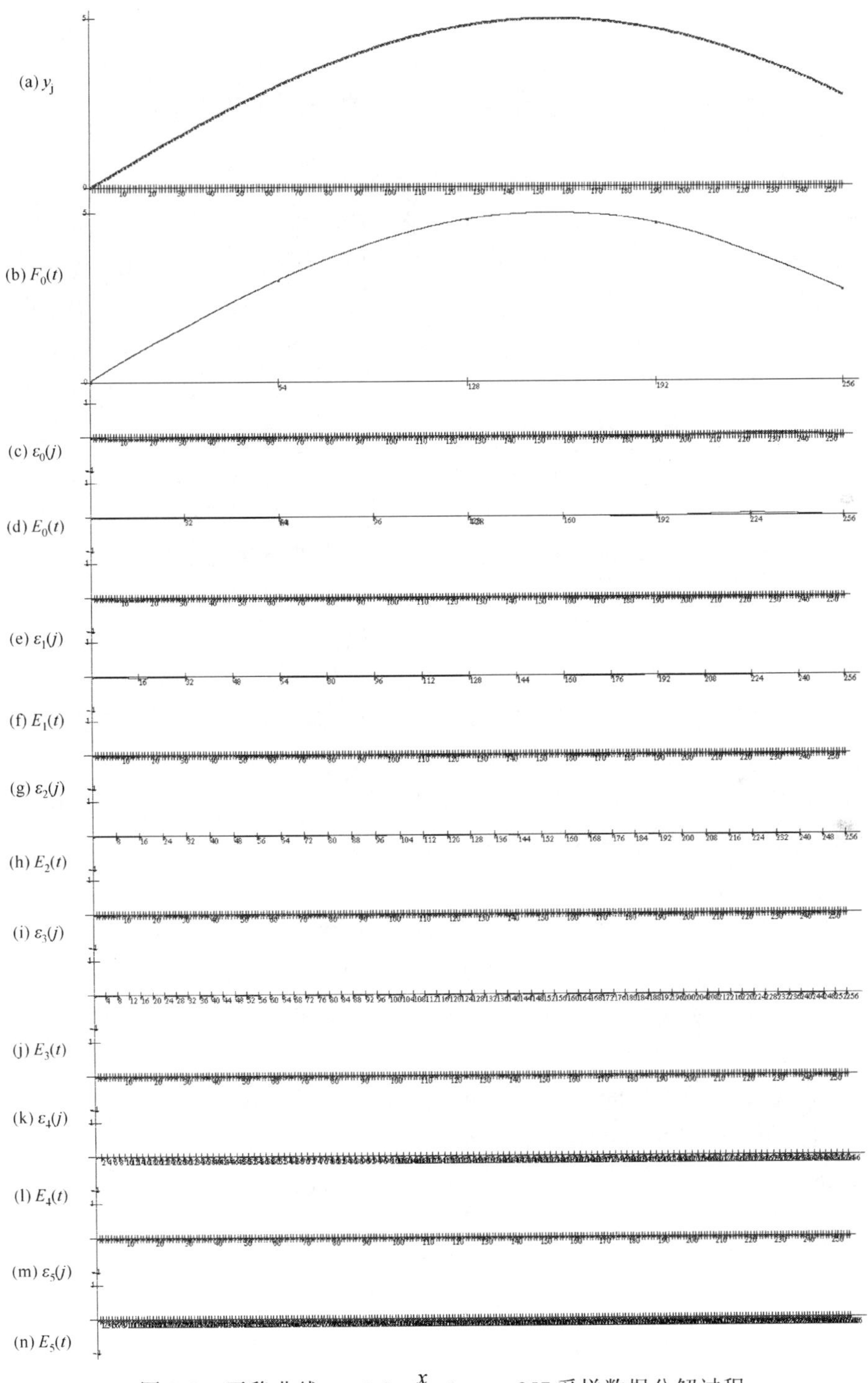

图 3-3　平稳曲线 $y=5\sin\dfrac{x}{100}, 1\leqslant x\leqslant 257$ 采样数据分解过程

3.4　基于多结点样条插值的图像多分辨率表示方法

现有的图像分层方法大多是基于小波变换的算法。小波变换是图像处理领域一种十分有效的数学方法。小波变换技术在 20 世纪 90 年代初期已经比较成熟，因此从那时起就开始出现各种新颖的小波图像编码方法，如嵌入式零树小波（Embedded Zerotree Wavelet，EZW）[35]编码方法，以及在 EZW 算法基础上改进的 SPIHT（Set Partitioning In Hierarchical Trees）[36]和 EBCOT（Embeded Block Coding with Optimized Truncation）[37]等。Mallat[38]于 1988 年在构造正交小波基时提出了多分辨率分析（Multiresolution Analysis）的概念，从空间上形象地说明了小波的多分辨率的特性，提出了正交小波的构造方法和快速算法，称为 Mallat 算法。根据 Mallat 和 Meyer 等的理论，使用一级小波分解方法将原始图像首先分解为粗糙图像和细节图像。如果在一级分解之后继续进行分析，这种分解过程称为多分辨率分析，实际上就是多级小波分解的概念。使用多级小波分解可以得到更多的分辨率不同的图像，这些图像称为多分辨率图像（Multiresolution Images）。在多分辨率分解图像中，粗糙图像 1 的分辨率是原始图像的 1/4，粗糙图像 2 的分辨率是粗糙图像 1 的 1/4 等。小波变换是传统傅里叶变换的继承和发展。由于小波的多分辨率分析具有良好的空间域和频率域局部化特性，对高频采用逐步求精的时域或空域步长，可以聚焦到分析对象的任意细节，因此特别适合于图像信号这一类非平稳信源的处理，已成为一种信号/图像处理的新手段。目前，小波分析已成功地应用于信号处理、图像处理、语音与图像编码、语音识别与合成、多尺度边缘提取和重建、分形及数字电视等学科领域。

基于多结点样条插值的图像多分辨率表示方法将图像信息看成几何信息，目的在于信息的去冗余处理。

基于多结点样条插值的图像多分辨率表示方法可陈述如下。

假定图像的大小为 WIDTHimage×HEIGHTimage，其中 WIDTHimage=HEIGHTimage= 2^p , p 为一个整数。运用边界延拓将图像大小变为 WIDTH'image×HEIGHT'image，其中 WIDTH'image=HEIGHT'image= 2^p+1 。从左上至右下用给定的采样间距 h 扫描原始图像，其中 $h=2^p/2^k$, $k=2,3,\cdots,p$, 可以得到相应等距的采样数据 Z_{ij} ，其中 i、j 是整数， $i,j\in[0,k-1]$，这样图像中基于多结点多层次算法生成的插值点可由下面的公式得到，即

$$Z_{xy} = \sum_{j=0}^{k-1} \sum_{i=0}^{k-1} Z_{ij} q_3(x-i) q_3(y-j) \tag{3-5}$$

q_3 是三次多结点样条基函数，参见式（2-21），(x,y) 为每个像素点在图像中的位置，I 表示原始图像，I_i 表示第 i 层的图像，E_i 表示第 i 层图像的误差，记 Z_i 为第 i 层图像的误差图像 E_i 中采样后重新生成的插值图像，那么可通过 $I_i + Z_i$ 得到第 $i+1$ 层图像，而通过 $E_i - Z_i$ 得到第 $i+1$ 层图像的误差图像 E_{i+1}。重复上述迭代步骤，采样间距会越来越小，当采样间距最终变成 0 时，也就是说，图像中每一像素点的信息都用上了，迭代步骤也就完成了，因此图像的不同分辨率的层次结构全部给出，此时的层次图像 I_{n-1} 能精确地和原始图像 I 保持一致，即 $I_{n-1} - I$ 的误差为 0。注意，根据多结点样条插值理论，图像插值点 Z_{xy} 仅与邻近的上、下、左、右 4 个采样数据点有关，所以可将上述公式简化成

$$Z_{xy} = \sum_{j=(\text{int})y-2}^{(\text{int})y+3} \sum_{i=(\text{int})x-2}^{(\text{int})x+3} Z_{ij} q_3(x-i) q_3(y-j) \tag{3-6}$$

整个算法可简单地描述如图 3-4。

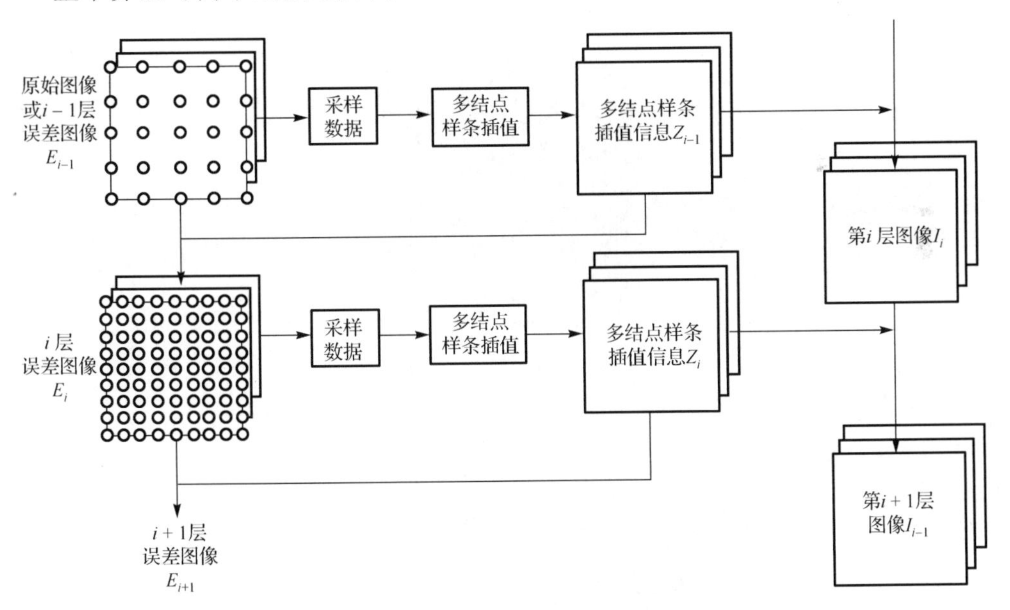

图 3-4　图像多分辨率算法流程图

本章对不同类型的图像做了一些实验。图 3-5 为原 Lena 图像。图 3-6 为将图 3-5 的 Lena 图像用基于多结点样条插值的算法作出的多分辨率的 Lena 图像组。从这组图像中可以看出只用原图像 1/256 的数据，就可以识别 Lena 图像的基本轮廓，如果用原图像 1/16 的数据，生成的图像效果几乎可以和原图像媲美。图 3-7 给出

了图 3-6 中相对应分辨率 Lena 图像与原图像的误差图像，可以看到图 3-7(h)为全黑图像，表明此时误差全为 0，多分辨率图像恢复了原图像的 100%。图 3-8 是一幅太阳表面图像，该幅图像从关于天文图片的美国国家航空和宇宙航行局（NASA）的官方网站获得。图 3-9 为图 3-8 的太阳表面图像用基于多结点样条插值的算法作出的多分辨率图像组，如图 3-9 所示，仅使用原图像的 1/64 数据，可以获得几乎和原图像质量相当的图像。图 3-10 是一个螃蟹星云（Crab Nebula）图像，从哈佛大学关于螃蟹星云电影的网站（http://chandra.harvard.edu/photo/2002/0052/more.html）上获得。图 3-11 为图 3-10 的螃蟹星云图像用基于多结点样条插值的算法作出的多分辨率图像组，同样可看出，仅使用原图像的 1/64 数据，可以获得几乎和原图像质量相当的图像。

从实例图像中看出，每幅图像的不同分辨率的图像及其对应的误差图像都可以得出，用较少的信息即可恢复原图像的概貌甚至和原图像相当，最高层次的多分辨率图像和原始图像完全吻合，其对应的误差也变为零，即全黑图像。这种新的基于多结点样条插值的图像多分辨率表示方法，可广泛应用于数字图像的后处理工作。

图 3-5　原始 Lena 图像 I

(a) 1/16384 数据

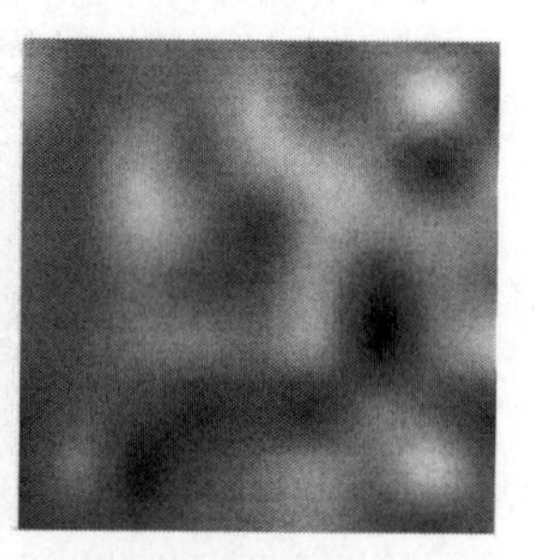

(b) 1/4096 数据

图 3-6　不同分辨率的 Lena 图像 I_i

(c) 1/1024 数据　　(d) 1/256 数据

(e) 1/64 数据　　(f) 1/16 数据

(g) 1/4 数据　　(h) 100%数据

图 3-6 不同分辨率的 Lena 图像 I_i（续）

(a) 第 1 次误差　　(b) 第 2 次误差

图 3-7 不同分辨率的 Lena 误差图像 E_i

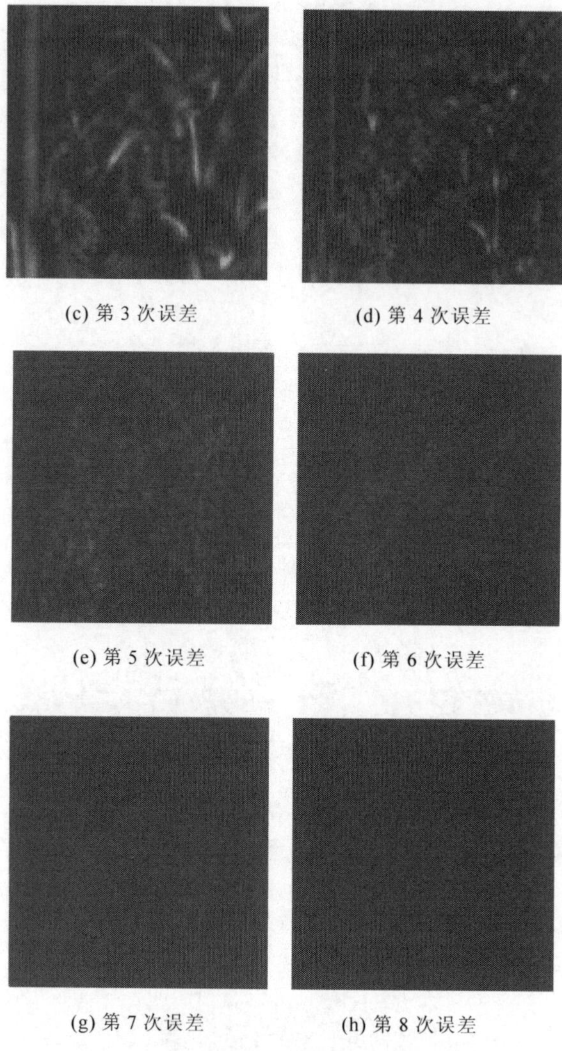

(c) 第 3 次误差　(d) 第 4 次误差

(e) 第 5 次误差　(f) 第 6 次误差

(g) 第 7 次误差　(h) 第 8 次误差

图 3-7　不同分辨率的 Lena 误差图像 E_i（续）

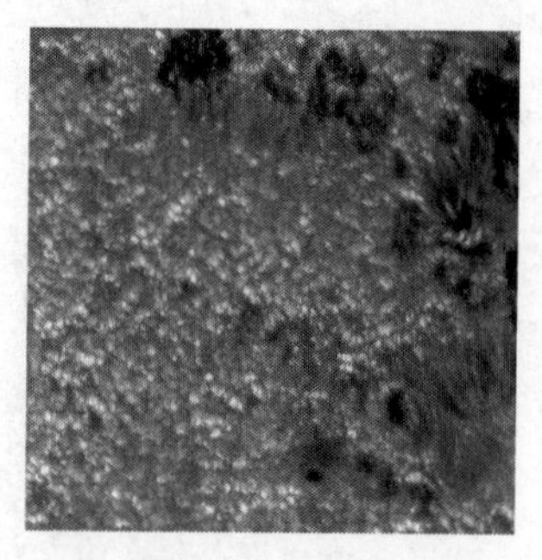

图 3-8　原始太阳表面图像 I

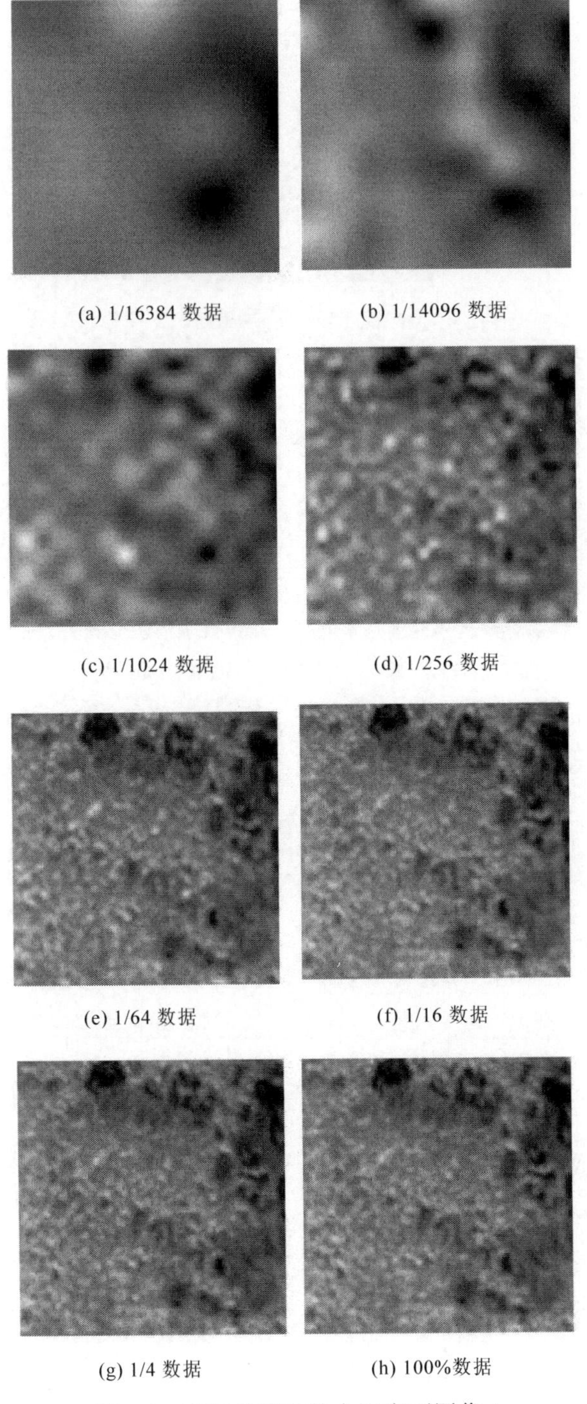

图 3-9　不同分辨率的太阳表面图像 I_i

图 3-10　原始螃蟹星云图像 I

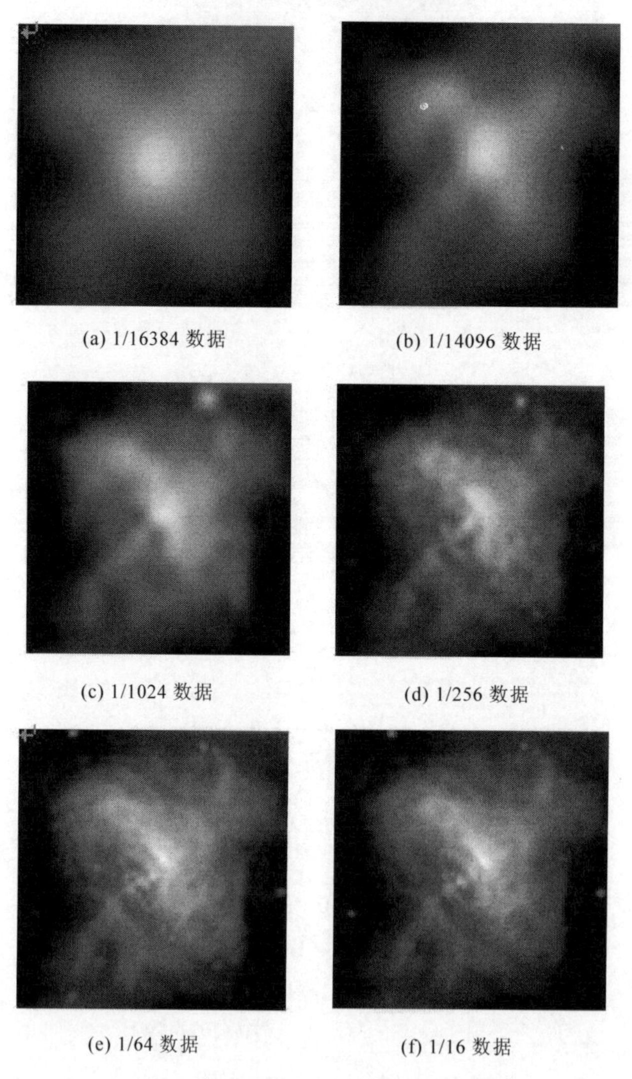

(a) 1/16384 数据　(b) 1/14096 数据

(c) 1/1024 数据　(d) 1/256 数据

(e) 1/64 数据　(f) 1/16 数据

图 3-11　不同分辨率的螃蟹星云图像 I_i

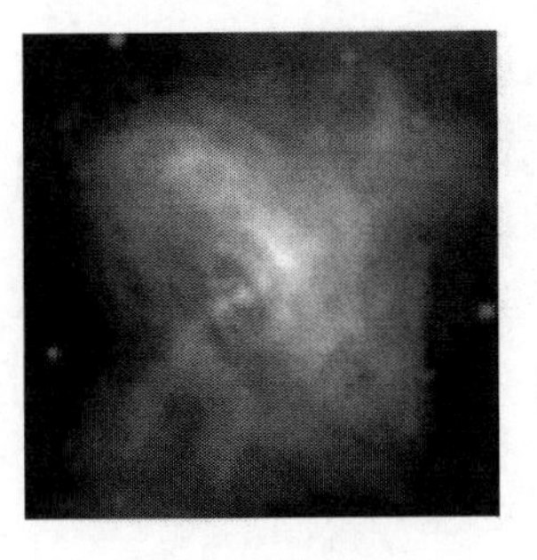
(g) 1/4 数据

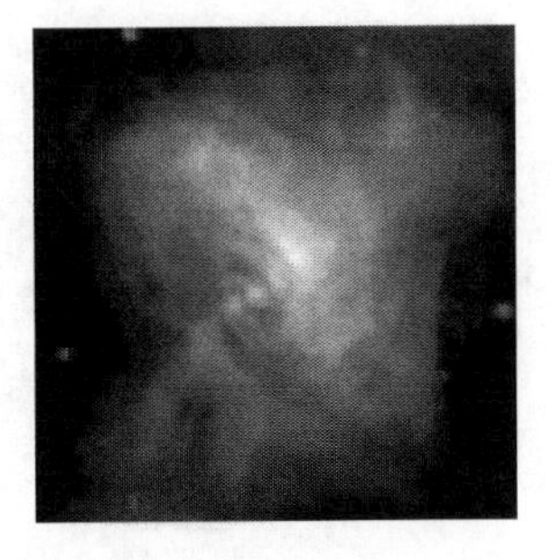
(h) 100%数据

图 3-11 不同分辨率的螃蟹星云图像 I_i（续）

3.5 基于多结点样条插值的多层次曲面造型算法

3.5.1 现有的曲面造型算法

前面提到，曲面造型（Surface Modeling）经过三十多年的发展，现在已形成了以插值和拟合这两种手段为框架的几何理论体系。

传统的曲面造型在文献[2]～文献[4]中有详细的论述，如 Bezier 曲面、B 样条曲面、NURBS 曲面等。如第 2 章所述，这些曲面由于构造曲面的基函数不完全符合局部插值显式算法的特性，给实际应用带来不便。

随着计算机图形显示对于真实性、实时性和交互性要求的日益增强，几何设计对象向着多样性、特殊性和拓扑结构复杂性发展的趋势日益明显，图形工业和制造工业迈向一体化、集成化和网络化步伐的日益加快，激光测距扫描等三维数据采样技术和硬件设备的日益完善，使曲面造型近几年得到了长足的发展，这主要表现在研究领域的急剧扩展和表示方法的开拓创新，如曲面的光顺、曲面细分等。近年来三维网格模型的复杂度和数据量急剧增长，而三维模型的在线浏览传输的要求也越来越高。因此，曲面造型的多层次、网格表示的简化也显得越来越重要。

3.5.2 基于多结点样条插值的多层次曲面造型

与现有的基于三角面片的多层次网格简化算法不同，本章讨论的多层次算法是基于多结点样条插值理论而达到去除冗余数据的目的。它的好处如前面所述，它是一种完全的局部插值显式算法，即不需要求解方程组，计算出的曲面通过所有控制点，可局部调整曲面造型细节而不影响全局形状。

曲面和数字图像一样都表达为二元函数，图像的表达式（式（3-6））在曲面造型方法中可改变成如下曲面的参数化表达式，即

$$P_{uv} = \sum_{j=(\mathrm{int})v-2}^{(\mathrm{int})v+3} \sum_{i=(\mathrm{int})u-2}^{(\mathrm{int})u+3} P_{ij} q_3(u-i) q_3(v-j) \tag{3-7}$$

其中，q_3 是三次多结点样条基函数，参见式（2-21）；P_{uv} 为曲面上任意一点，u、v 为两个实参数，且 $u \in [0, k_1 - 1]$，$v \in [0, k_2 - 1]$，k_1 和 k_2 分别为曲面 u、v 方向上控制点的数目；P_{ij} 为控制点，i、j 是整数，且 $i \in [0, k_1 - 1]$，$j \in [0, k_2 - 1]$。

由于基于多结点样条插值算法的多层次的曲面造型算法和基于多结点样条插值算法的多层次的图像多分辨率表示方法相似，这里就不赘述了，下面给出多层次的曲面造型算法的实例与分析。

3.5.3 实例与分析

作者用上述方法进行了若干曲面造型的实例分析，图 3-12 表示三个原始曲面造型，图 3-13、图 3-14 和图 3-15 表示用该方法对以上三种曲面进行多层次曲面造型实例。图 3-13～图 3-15 中，图(a)表示用原始数据的 1/1024 重新生成的曲面；图(b)表示用原始数据的 1/256 重新生成的曲面；图(c)表示用原始数据的 1/64 重新生成的曲面；图(d)表示用原始数据的 1/16 重新生成的曲面；图(e)表示用原始数据的 1/4 重新生成的曲面；图(f)表示用原始数据的 100%生成的曲面，由此可看出当只用部分原始数据重构曲面时可基本恢复成原始数据的 100%生成的曲面，从而达到数据去冗余的目的。图 3-13 的曲面较图 3-14 和图 3-15 的曲面造型更加光滑，可以看出图 3-13 的曲面用原始数据的 1/64 时的重构曲面几乎和用原始数据的 100%生成的曲面相差无几，而图 3-14 和图 3-15 的曲面用原始数据的 1/16 时的重构曲面也和用原始数据的 100%生成的曲面相差无几，该方法对光滑曲面数据去冗余的效果更好。由此而见，基于多结点多层次算法的曲面造型算法是可行的。基于多结点多层次算法的曲面造型算法有以下两个方面的含义：①减少数据冗余，用少量的点生成同样精度要求的曲面；②利用多结点样条的基函数进行曲面造型，可根据基函数的性质（零点上值为 1，在其他整数结点上值为 0），按需要构造出凸凹有致的曲面，实验结果也说明了这一点。

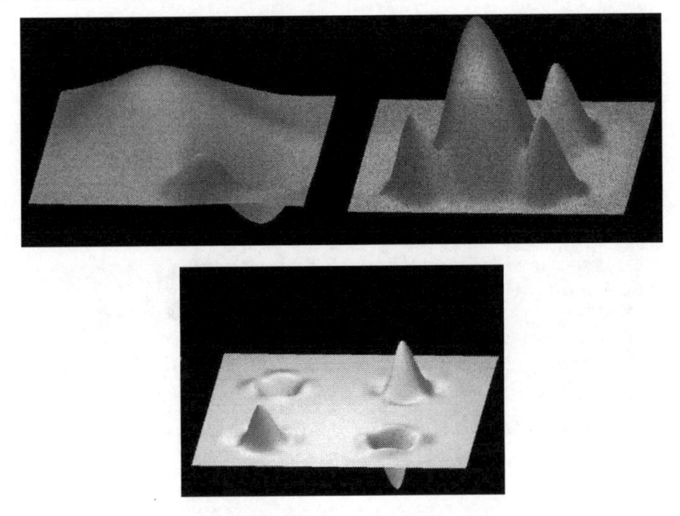

图 3-12　原始曲面

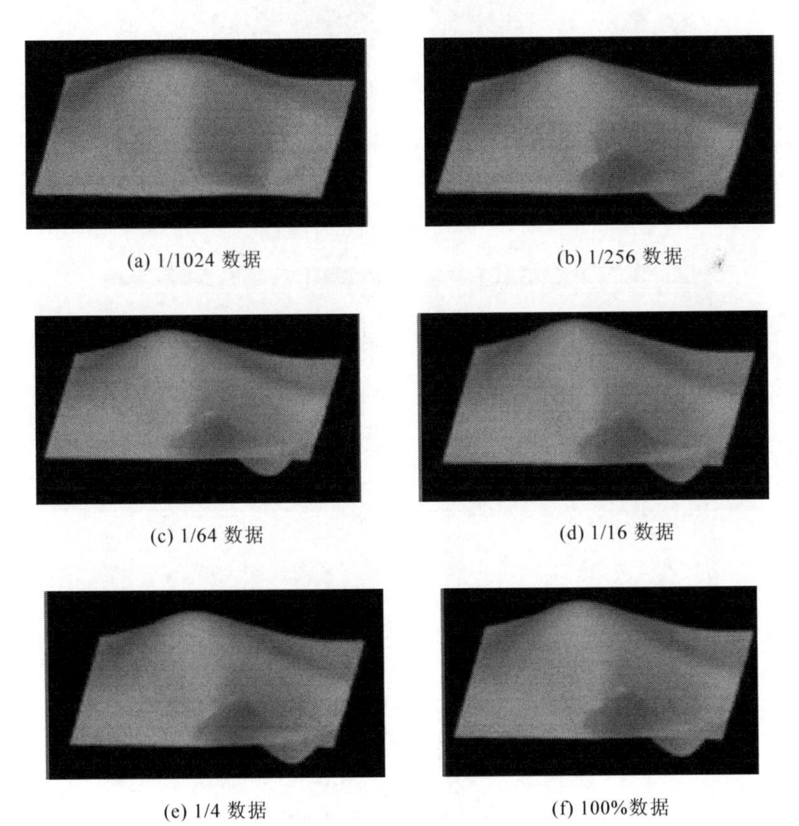

(a) 1/1024 数据　(b) 1/256 数据

(c) 1/64 数据　(d) 1/16 数据

(e) 1/4 数据　(f) 100%数据

图 3-13　多层次曲面造型实例一

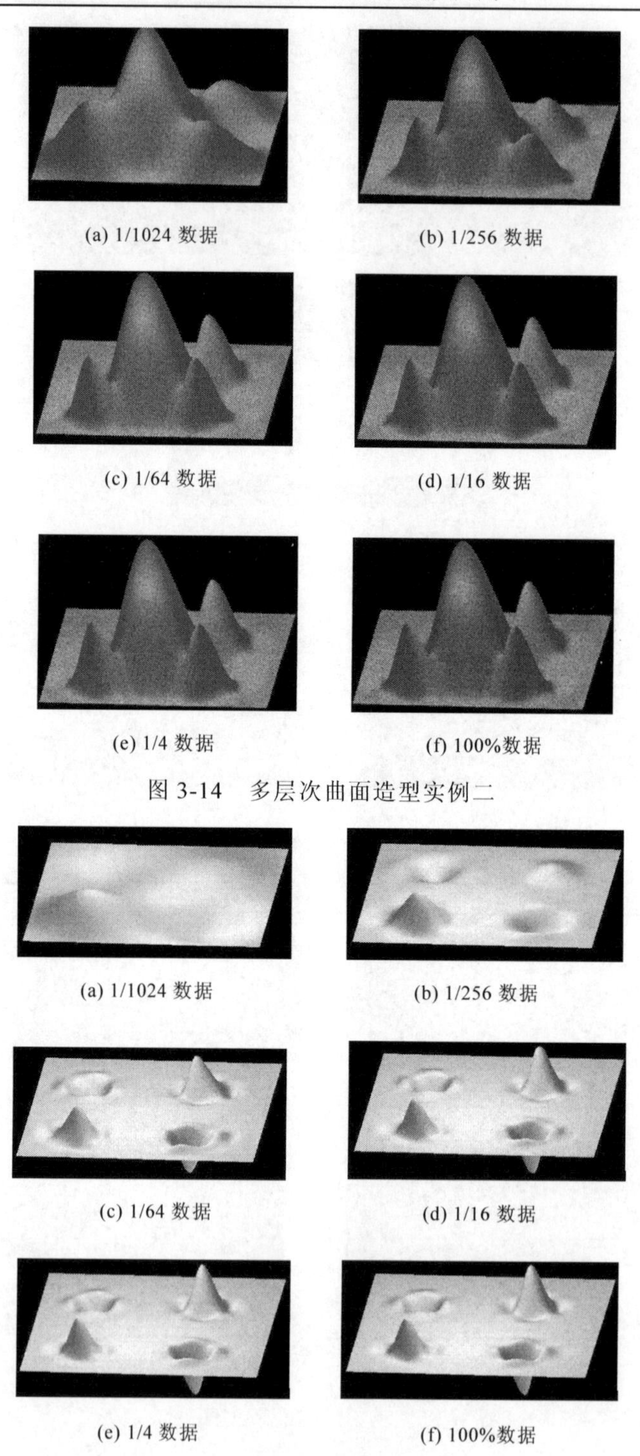

(a) 1/1024 数据　(b) 1/256 数据

(c) 1/64 数据　(d) 1/16 数据

(e) 1/4 数据　(f) 100%数据

图 3-14　多层次曲面造型实例二

(a) 1/1024 数据　(b) 1/256 数据

(c) 1/64 数据　(d) 1/16 数据

(e) 1/4 数据　(f) 100%数据

图 3-15　多层次曲面造型实例三

3.6 本章小结

本章提出了基于多结点样条插值的多层次算法，包括信号分解方法、图像的多分辨率表示方法和曲面的多层次造型方法。基于多结点样条插值的数据分解方法对平稳信号分解之后高频信号衰减很快，对随机信号经过有限次数的分解，最后误差也变为零，可用于数据压缩、数据分解和数据隐藏等应用领域。基于多结点样条插值的图像多分辨率表示方法，可广泛应用于数字图像的后处理工作。基于多结点多层次算法的曲面造型算法可用很少的原始数据重构成和原始曲面几乎一样的曲面，从而达到数据去冗余的目的，对光滑曲面数据去冗余速度更快、效果更好。

第 4 章　基于多结点样条的几何建模修补方法

4.1　概　　述

历史文化遗产具有历史、艺术和科学价值，是不可再生的资源。国际社会和经济发展实践证明，历史文化遗产对一个国家、一个地区的全面发展贡献显著，其价值在多方面显现。文化遗产保护已成为世人的共识。将重要历史建筑、文物遗产利用计算机有系统地进行数字化，建立数字典藏资源，永久保存数据，提供全球共用，已成为世界各国文化发展的重要策略之一。很多国家的学者都尝试过用数字化技术展示文化遗产[39]。

利用计算机技术重构出历史文物，首先得进行三维建模。三维建模的方法可分为三类：第一类，对较规则几何物体如长城、建筑物等，可直接测量物体的坐标，输入计算机，用常用几何建模软件如 AutoCAD、3D MAX 等建立模型，这种技术相对来说已比较成熟；第二类，对某些不规则的物体如佛像、出土文物等可采用三维激光扫描仪扫描测量物体表面的数据建立三维模型，但是，对于某些文物，出土时已经发生局部破损，部分地方残缺不齐，给建模带来困难；第三类，对于室外一些形状复杂、不便测量、数据又无原始图纸资料的风景、文物古迹，可直接采用基于图像的建模技术（Image Based Modeling and Rendering，IBMR）[40]通过一系列二维照片恢复和重构三维模型，但这种方法技术难度大，还有不少技术问题没有解决。

本章针对上面三维建模中的问题，利用局部插值显式算法——多结点样条插值算法的特性，提出了一种基于多结点样条插值算法的几何建模修补方法来解决上述问题。

4.2　双目立体视觉系统的三维重建修补

双目立体视觉[41]是计算机视觉的一个重要分支，即由不同位置的两台或者具有两个镜头的一台摄像机（CCD）经过移动或旋转拍摄同一幅场景，通过计算空间点在两幅图像中的视差，获得该点的三维坐标值。20 世纪 80 年代美国麻省理工学院人工智能实验室的 Marr 等[42]提出了一种视觉计算理论并应用在双目立体匹配上，使两张有视差的平面图产生有深度的立体图形，奠定了双目立体视觉的理论基础。相比其他的体视方法，如透镜板三维成像、投影式三维显示、全息照相术等，双目立体视觉直接模拟人类双眼处理景物的方式，可靠简便，在许多领域均极具应用价值，如机器人导航与航测、三维测量学和虚拟现实等。

双目立体视觉技术的实现可分为以下步骤：图像获取、摄像机标定、特征提取、立体匹配和三维重建。

通过立体匹配得到场景的深度图，即可得到场景的点云。但由于立体视觉系统是根据视差求解场景中的深度，在实际应用中仍然有一些情况是现有的匹配方法所无法解决或很难解决的：在一幅图像中对于那些灰度值变化过于微小（接近于零）的区域，即使在另一幅图像中找到了外极线，外极线上也可能存在多个可能的对应解，这时依靠灰度值无法确定到底哪个点是真正的对应解。这样，势必造成一个场景中有若干点求解不到深度，从而使生成的场景形成一些空洞。

本章以 SRI SVS（SRI Stereo Vision System）[43]的双目立体视觉摄像系统在实验中拍了一组立体图像，整个系统的硬件部分由笔记本电脑、1394 接口卡、立体视觉摄像机、外接电源组成，如图 4-1 所示，SRI SVS 的软件包提供了摄影机校准、立体视觉求解等基本功能函数。避免了开发立体视觉求解算法中的重复劳动，图 4-2 显示了立体视觉软件采集澳门妈阁庙浮雕场景的立体图像对的界面。

图 4-1　SRI SVS 实物图

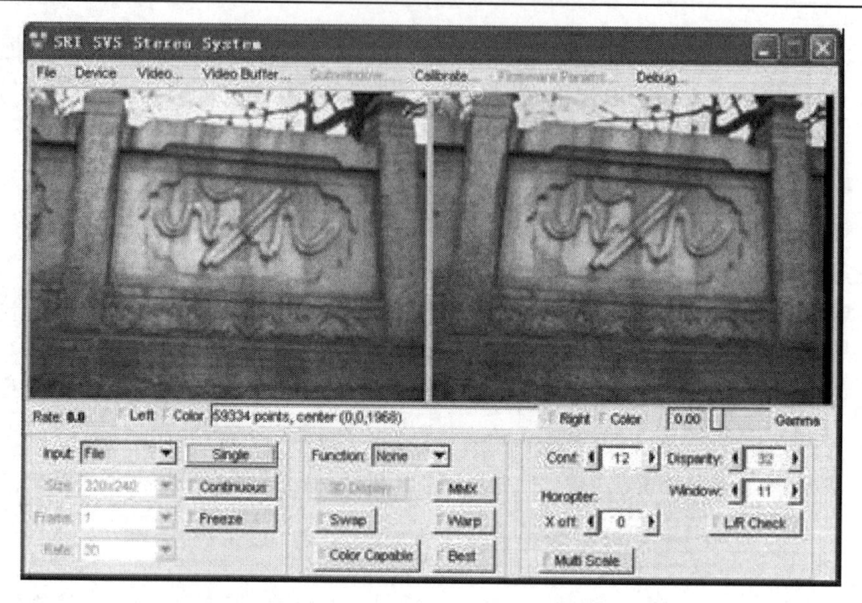

图 4-2　SRI SVS 软件运行界面

图 4-3 表示用该双目立体视觉摄像系统拍摄澳门妈阁庙墙面的浮雕通过求解场景深度后直接所获得的三维点云图像。由图 4-3 中可以看出直接用点云生成的三维图像中有很多空洞部分，且有很多噪声点。用 SRI SVS 直接获得的点云数据并不是毫无规律的散乱数据点，它是一个有规律的数据矩阵，矩阵中的相邻数据是以拍摄的视线角度作为基准的三维场景中的相邻数据点，即保持了三维场景中点与点之间的拓扑关系，所以可将点云数据直接按照矩阵的相邻关系连成三角面片生成三维模型。图 4-4 为作者用 SRI SVS 获取的妈阁庙浮雕的点云数据进行初步噪声处理后，直接连接成三角面片后生成的浮雕图像，从图 4-4 中可以看出，由于双目立体视觉系统采集的点云数据本身保留了点云数据间的拓扑关系，所以将相邻点连成三角网格后生成的浮雕比直接用 SRI SVS 获得的点云浮雕效果好很多，但是如前面所述，由于立体视觉摄像原理本身的局限性，从图 4-4 中可以看出，生成的三维浮雕存在很多空洞。

图 4-5 表示根据得到的点云数据用上述插值补漏方法后得到的浮雕图像，从图 4-5 中可看出，图 4-4 中的空洞已全部补上，前一种方法在去除噪声点后直接连接成三角网格，由于没有进行插补工作，噪声点就变成了空洞点，使得生成的浮雕场景图像的空洞变得更大，而本章的方法将噪声点当成空洞点处理，然后对空洞点进行插补，最后生成的浮雕场景中的空洞全部消失。从图 4-3、图 4-4、图 4-5 生成的三维浮雕图像比较可以看出，经过多结点样条插值补漏方法处理后生成的妈阁庙浮雕效果最好。

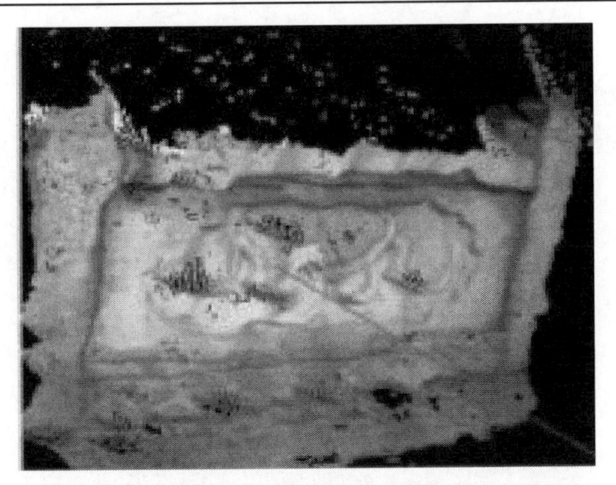

图 4-3　用 SRI SVS 拍摄澳门妈阁庙浮雕点云图像

图 4-4　除去噪声后直接生成的澳门妈阁庙浮雕

图 4-5　用多结点样条插值补漏后生成的澳门妈阁庙浮雕

由此看出，在三维几何模型重建时，必须对这些采集到的点云数据在噪声过滤后进行空洞的修补工作。由 SRI SVS 采集的点云数据是一个 $M\times N$ 的矩阵，其中每个矩阵元素包含物体空间点的坐标信息和颜色信息，矩阵中的相邻点就是物体沿视线方向投影后的空间相邻点，空洞点在此点云数据矩阵中表示为坐标值和颜色值全为 0 的点。噪声点就是指点的深度数据不在正常的阈值范围之内。利用多结点样条插值进行空洞修补工作的具体方法如下。

（1）双目立体视觉系统采集的点云数据矩阵 $\boldsymbol{P}_0(M\times N)$ 中每个点 P_{ij} 有坐标 (X_{ij},Y_{ij},Z_{ij}) 和颜色 (R_{ij},G_{ij},B_{ij}) 两种属性，定义空洞点 $\mathrm{NullP}_{ij}\in\{P_{ij}\mid X_{ij}=0,Y_{ij}=0,Z_{ij}=0,R_{ij}=0,G_{ij}=0,B_{ij}=0\}$；噪声点 $\mathrm{NoiseP}_{ij}\in\{P_{ij}\mid Z_{ij}\geqslant Z_1 \text{ or } Z_{ij}\leqslant Z_2\}$，其中 Z_1、Z_2 为给定的经验阈值；有效点 $\mathrm{ValidP}_{ij}\in\{P_{ij}\mid P_{ij}\notin \mathrm{NullP}_{ij} \text{ and } P_{ij}\notin \mathrm{NoiseP}_{ij}\}$。

（2）边界处理。由于双目立体视觉系统采集的点云数据矩阵 $\boldsymbol{P}_0(M\times N)$ 的边界也存在很多空洞点 NullP_{ij}，必须首先进行边界处理，处理边界的方法如下。

给定一个边界值 Δh，从矩阵四周的内边界逐行或逐列向外扫描，如图 4-6 所示，粗箭头方向为扫描方向，边界处理的目的是将边界中的空洞点和噪声点用有效点代替，保持边界的完整性。

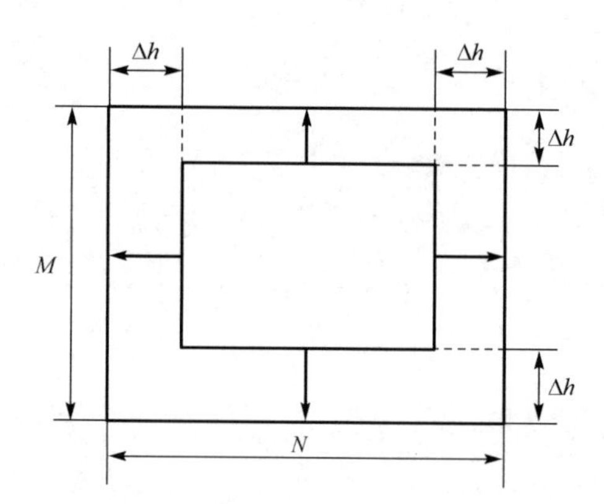

图 4-6　点云数据矩阵 $\boldsymbol{P}_0$ 边界处理扫描示意图

矩阵 $\boldsymbol{P}_0(M\times N)$ 左边界处理程序伪代码如下。

```
For i = 0 to M-1
  TempP = Pij, j = Δh
For j = Δh to 0
 if Pij ∈ Valid Pij, TempP = Pij
 else Pij = TempP
```

矩阵 $\boldsymbol{P}_0(M\times N)$ 上、下、右边界可用同样的方法处理，伪代码程序略。

经过这样的边界处理后，可得到数据矩阵 $\boldsymbol{P}_1(M\times N)$，数据矩阵 $\boldsymbol{P}_1$ 最大可能地保障了边界的准确性，从而保证了后续插值范围的准确性。

（3）插值处理。对边界处理后的点云数据矩阵 $\boldsymbol{P}_1$ 逐行进行扫描。

如果第 i 行所有数据点 $P_{ij}\notin$空洞点 NullP_{ij} 和噪声点 NoiseP_{ij}，即该行全部为有效点 ValidP_{ij}，则该行数据全部保留，即插值矩阵中对应点的数据保留原矩阵 $\boldsymbol{P}_1$ 中对应点的数据。

如果第 i 行 $\forall$ 空洞点 NullP_{ij} 或噪声点 NoiseP_{ij}，记录矩阵的行号 i，将该行所有有效点 ValidP_{ij} 看成控制点，根据式（2-23）用多结点样条插值方法插值成一行新的数据替换该行所有数据，插值矩阵中对应点的数据由多结点样条插值计算得出。

通过这种方法，可以生成一个新的插值矩阵 $\boldsymbol{P}_2$。由于原来的有效点 ValidP_{ij} 在矩阵 $\boldsymbol{P}_1$ 中不一定为等距点，经过插值后，在插值矩阵 $\boldsymbol{P}_2$ 第 i 行中的有效点序号和数据矩阵 $\boldsymbol{P}_1$ 第 i 行中的有效点序号不一定能保持吻合，此时如果用插值矩阵去生成最后的场景，势必又增加了另一种误差，这时，还需进行下面的第（4）步来纠正这个问题。

（4）融合处理。将插值矩阵 $\boldsymbol{P}_2$ 和经过边界处理的点云数据矩阵 $\boldsymbol{P}_1$ 逐行进行比较，融合成最后的补漏矩阵 $\boldsymbol{P}_3$，程序伪代码如下。

```
if Pij in P1 ∈ ValidPij,
Pij in P3 = Pij in P1
else
Pij in P3 = Pij in P2
```

经过上述方法逐行处理，得到补漏矩阵 $\boldsymbol{P}_3(M\times N)$。

由于补漏矩阵依然保留了原始点云数据点之间的拓扑关系，但是去除了噪声点，补上了空洞点，所以用补漏矩阵 $\boldsymbol{P}_3$ 直接连接成三角网格所生成的场景更加真实。

上述过程经过 4 次矩阵变换，3 次处理，如图 4-7 所示，其中插值处理是最关键的部分。

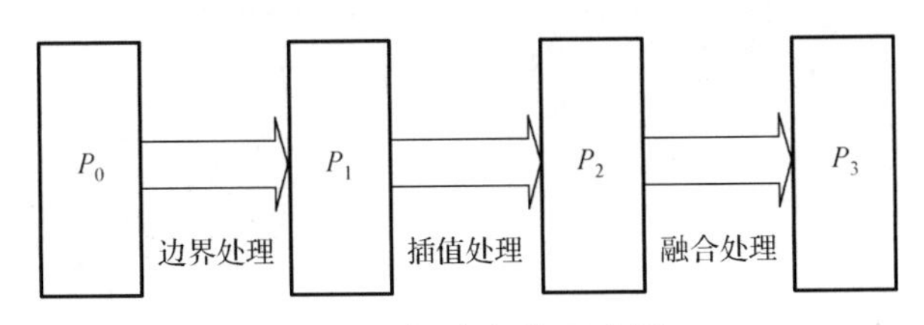

图 4-7　矩阵变换示意图

4.3　出土文物类的几何建模修补

由于陶器类古董出土时可能已遭到部分损坏，有些地方残缺不齐，用多结点样条插补的办法弥补残缺的外貌，可在计算机上展现古董的原貌。具体的插补方法描述如下。

（1）用三维扫描仪在出土的古董外表按照表面纹理方向扫描，扫描间距不一定固定，遇到破损表面，扫描间距可加大，在扫描时跳过损坏的表面，遇到变化较大的表面，扫描间距可变密一些，这样可测得三维控制点的数据 P_{ij}，该数据保持了原有古董外表点的相邻拓扑关系（$M\times N$ 型矩阵）。

（2）以扫描仪测得的数据作为控制点，利用多结点样条插值函数重新生成古董外表的点云数据，插值计算公式参见式（3-7）。

（3）根据出土的古董，在平面上推断设计出陶瓷表面的印花图案。

（4）根据第（2）步所得点云数据构成网格表面模型，再用纹理映射的方法将平面印花图案映射到网格表面模型上，从而生成一个新的三维古董模型。

图 4-8 表示一个有破损的古董按上述方法修补的实例，在本例中，以作者设计的数据代替三维扫描仪测得的采集数据。在 3.5 节关于基于多结点多层次算法的曲面造型算法中提到，如果曲面本身具有一定的光滑度，用原曲面的 1/64 数据重新生成的曲面几乎可和原始曲面相吻合，而陶瓷类古董的外表通常比较光滑，所以用三维扫描仪采样数据时，对光滑的表面，采样间距加大，用少量的控制点即可进行插值补漏，避免了数据冗余和烦琐的采样。

(a) 有破损的古董

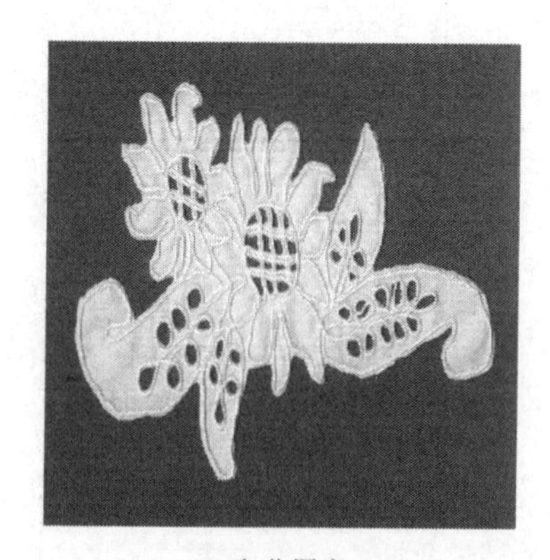

(b) 印花图案

图 4-8　陶瓷古董几何建模修补的实例

(c) 用多结点样条插补后的古董

图 4-8　陶瓷古董几何建模修补的实例（续）

4.4　本 章 小 结

浮雕图像的插值补漏方法和陶瓷类古董的插值补漏方法都是采用多结点样条插值算法为基础。由于可利用的数据具有不同特点，处理方法也有所区别。由于陶瓷类古董表面一般比较光滑，所以用较少的点插值出的曲面和用更多的点插值出的曲面效果差不多。但是浮雕就不一样，浮雕表面造型复杂，如果也用较少的控制点，插值出的曲面效果会很不理想。浮雕的数据采样来自立体视觉摄像系统，用立体视觉摄像机拍摄后自动生成足够密集的点云数据，不存在采样的烦琐问题，所以需将原始点云数据中的所有有效点的信息全部用上，效果才会更加逼真。通过以上实例可以看出，对于有局部破损的出土文物的几何建模，可利用多结点样条的局部插值性进行修补，保证了有破损的出土文物的几何建模的完整性；对于立体视觉摄像系统下基于图像的几何建模中产生的局部性空洞和噪声，也可用多结点样条插值算法的局部插值性将空洞填补起来，并消除噪声，多结点样条插值算法不求解方程组便能计算出结果，因此算法速度快，实验图例表明本章方法“修补”出来的几何建模视觉效果良好，解决了几何建模中存在的一些问题。

第5章　基于多结点样条插值的图像合成

5.1　概　　述

目前，纹理合成方法可分为过程纹理合成（Procedural Texture Synthesis，PTS）[44]和基于样图的纹理合成（Texture Synthesis From Samples）[45]。过程纹理合成通过对物理生成过程的仿真直接在曲面上生成纹理，如毛发、云雾、木纹等，从而避免了纹理映射带来的失真。这种方法可以获得非常逼真的纹理，过程纹理合成虽然可以获得良好的效果，但对每一种新的纹理，都需要调整参数反复测试，非常不方便，有的甚至无法得到有效的参数。自然界中存在大量的纹理，这些纹理往往具有自相似性，即一小块纹理就能反映整体纹理的特点。这就促使人们着手研究基于样本的纹理合成方法：给定一小块纹理，生成大块相似的纹理。基于样本的纹理合成技术可以克服传统纹理映射方法的缺点，又避免了过程纹理合成调整参数的烦琐，因而受到越来越多研究人员的关注，成为计算机图形学、计算机视觉和图像处理领域的研究热点之一。大自然中有许多景色都由一些相似的基本形状组合而成，如花、叶子、石头、云彩、瓜果等景物。由一个较小的纹理样本生成一个较大的新的复杂输出图像，在计算机图形学领域当中已被广泛认为是一种很重要的应用技术。有许多科研工作者都在致力于纹理样本合成的研究。Hertzmann等[46]提出了一种用样图处理图像的方法，这种方法称为Image Analogies。Image Analogies是基于一种简单的多尺度自回归的方法，起源于现有纹理合成研究中的一些成果；Efros和Freeman[47]提出一种称为Image Quilting的纹理合成方法，这种方法将已有图像的部分区域拼合成一个新的视觉图像。Kwatra等[48]介绍了一种称为Graph Cut的图像和视频纹理合成的算法，在这种方法中，从样本图像或视频中取出一小片转换复制到输出图像，然后沿着接缝路线将这些小片粘合在一起形成一个较大的输出图像，与Image Quilting不同的是，它通过不断迭代计算和反复粘合使得接缝达到最佳状态。而徐晓刚和马利庄[49]提出一种新颖的可处理两个纹理样本的纹理混合方法，通过调整参数可以控制纹理在合成结果中所占的比例，利用扫描技术提高合成纹理的质量。Image Analogies主要研究如何制出相似于原始图像的艺术作品，Graph Cut和Image Quilting方法着重于解决纹理合成中接缝技术的问题。与上述方法不同的是，本章的方法是通过纹元抓取和用多结点样条插值方法对纹元进行变形，再将变形的纹元随机或者交互贴在背景图像上，与背景图像一起合成新的输出图像。对比其他算法，输出图像具有生成速度快、真实感强等特点，适用于自然场景、随机纹理或人机交互图案的生成。

5.2　基于多结点样条插值变形的图像合成方法

本节提出了一种基于多结点样条插值变形的图像合成方法，这种方法可称为前景变形法。在这种方法中，前景抓取法用于从纹理样本中得到感兴趣的部分，多结点样条插值变形方法用于生成相似的纹理前景，这些纹理前景经比例/旋转变换后粘贴到一个较大的背景图像中从而生成一个新的输出图像。相比其他方法，这种方法只需少量甚至一个纹理样本即可生成一幅较大的合成图像，可实现纹理前景中相互遮挡的效果，合成的速度快而简单，适合生成自然景色和随机纹理等前景和背景比较清晰的图像，也可用于交互生成一些人造图案。

5.2.1　前景抓取方法

如前面所述，大自然中的许多风景是由一个大的背景图加上许多形状基本相似的元素组成的。这些相似的基本元素可看成纹理样本中的前景，所以如何抓取纹理中的前景就变得很重要。文献[50]提到的背景去除技术可改造成这里的前景抓取算法，该算法描述如下。

1）除去背景

在许多纹理样本中，前景色和背景色通常有明显的区别，有时这些前景色和背景色有一个主色调。例如，花丛，背景通常是深色的叶子，前景是色彩鲜艳的花朵，根据背景和前景的主色调差，可将背景初步去掉。

假定 A 是一个纹理样本，AR、AG、AB 是图像 A 的三个颜色分量，AI 为图像 A 转换为灰度图像后的亮度，设 ARG=AR−AG+128，AGB=AG−AB+128，ARB=AR−AB+128。从 AR、AG、AB、ARG、AGB、ARB 和 AI 的灰度直方图中选取具有最佳可分性的直方图 AH，从 AH 中选取合适的阈值 T，并根据该阈值创建图像 B，使得如下条件成立。

```
if (AH > T)
    B(i, j)=A(i, j)
else
    B(i, j)=0
```

图像 B 就是从图像 A 中除去背景的图像。图像 B 中的背景有可能没有完全剔除干净，这是因为背景中有可能包含前景中的颜色，如图 5-1 所示。这个问题留在后面讨论。

2）构造二值掩模图像

首先从图像 B 中创建初始二值图像 C，如下。

```
if B(i, j)∈P
    C(i, j)=0
                else
  C(i, j)=1
```

其中 P 是 B 中的一个 0 值连通域，它包含图像 B 的边界点（B 的首行/列和末行/列）。

如前面所述，纹理样本中背景也可能包含前景的颜色，需要对图像 C 进行进一步的处理以达到彻底去除背景的目的，从图像 C 中创建图像 D，使得如下条件成立。

```
If C(i, j)∈ I

    D(i, j)=1
else
    D(i, j)=0
```

其中 I 是图像 C 中最大的 1 值连通域。图像 D 就是最后想要的二值掩模图像。

3）调整掩模图像

有时在第 2）步中得到的掩模图像还不是很令人满意，在前景和背景的轮廓上存在小的误差，这时对二值掩模图像 D 进行腐蚀（erosion）或膨胀（dilation）处理，让前景和背景的轮廓误差减少至最低。

4）抓取前景（Pick Up the Foreground）

计算图像 A 和图像 D 的点积图像 $E(i,j)=A(i,j)\cdot D(i,j)$，图像 E 中非零值子区域就是感兴趣的前景区域。从图像 E 可以看出，此时背景已经完全去除。

图 5-1 表示一个向日葵花朵的前景抽取过程。

(a) 原始图像 A

(b) 初去背景的图像 B

(c) 初始二值图像 C

(d) 完全二值图像 D

(e) 完全去背景的图像 E

图 5-1　前景抽取过程

5.2.2　利用多结点样条插值作纹理变形

在本节中，利用多结点样条插值变形方法对纹理样本作变形，从而生成纹理的各种相似形状。由于还需对纹理样本作前景抓取，所以对变形的纹理样本的二值图像也需要作相应的变形。图 5-2 给出了一个小白花纹理样本及其二值掩模图像变形的实例。

(a) 小白花原始纹理样本及其二值掩模图像

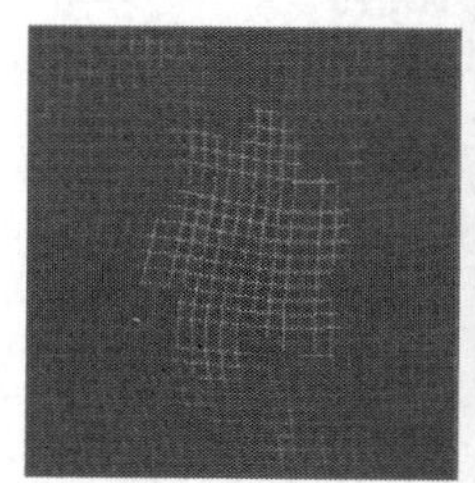
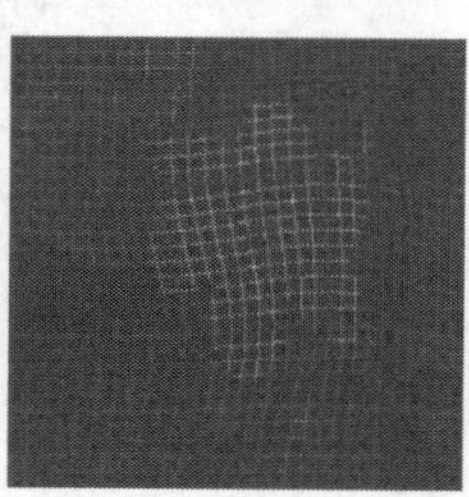
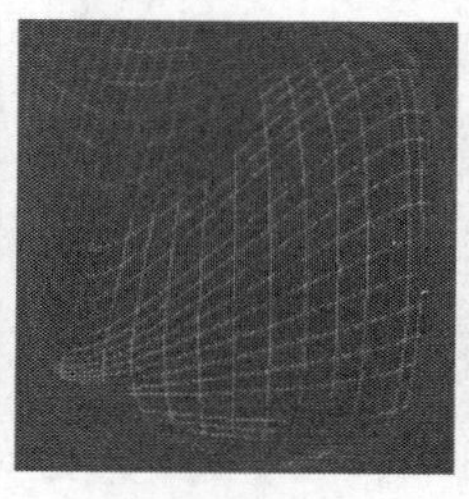
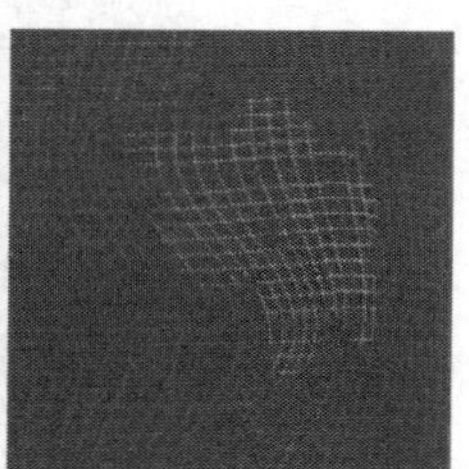

(b) 用多结点样条插值方法生成的控制网格

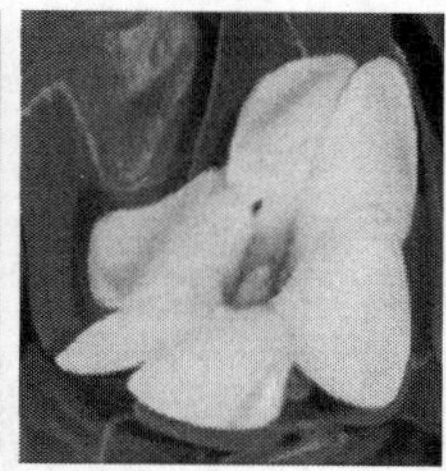

(c) 在(b)所示的控制网格下小白花的各种变形

(d) 相应的二值掩模图像变形

图 5-2　小白花纹理样本变形及其二值掩模图像变形的实例

5.2.3 Image Quilting 方法与本章方法比较

Image Quilting 方法在纹理样本之间的重叠区域中寻找一条两个纹理样本颜色相差最小的色差路径，合成图像中在最小色差路径两边的图像分别来自源纹理样本，如图 5-3 所示，图中黑色曲线为最小色差路径。关于 Image Quilting 方法的详细叙述参见文献[47]。以下是 Image Quilting 方法的部分简化伪代码。

```
For i=0 to height-1
   For j=0 to min_difference_Path(i)
      Color of Pij on ImageAB= Color of textureA
For j=min_difference_Path(i) to width-1
     Color of Pij on ImageAB= Color of textureB
```

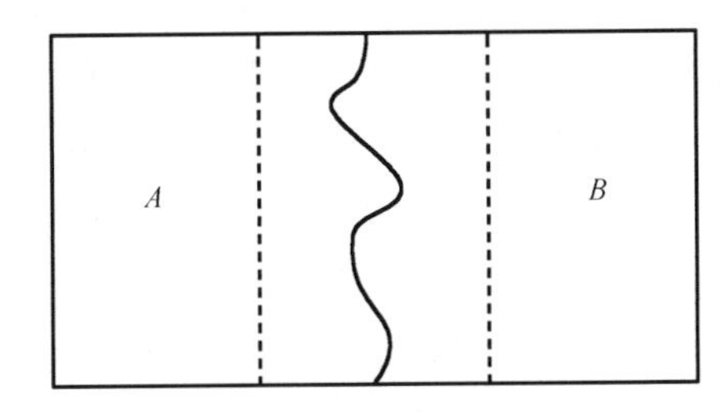

图 5-3 Image Quilting 方法

由于 Image Quilting 方法采用这种最小色差原则来融合两幅图像，所以颜色相近的两幅图像用这种方法进行融合，效果尤其令人惊奇，所以使用 Image Quilting 方法将色彩相对单一的小背景图像如绿叶合并成大背景图像特别合适，实验结果也证明了这一点，在本章例子中用 Image Quilting 方法合成树叶背景图，如图 5-4 所示，肉眼完全看不出接缝痕迹。

(a) 输入树叶图

图 5-4 用 Image Quilting 方法生成的树叶背景图

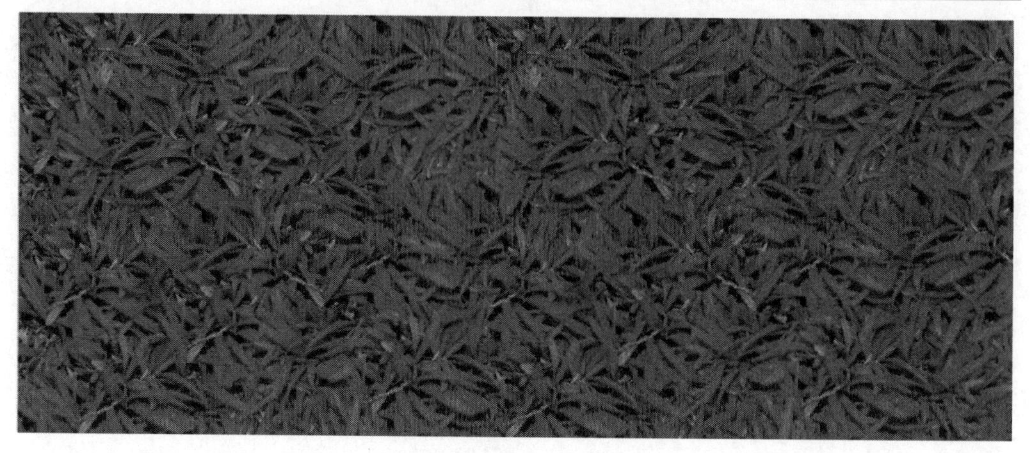

(b) 输出树叶背景图

图 5-4　用 Image Quilting 方法生成的树叶背景图（续）

但是用 Image Quilting 方法合并前景和背景色差相差较大的纹理存在一些问题。例如，在自然现象中，如果两朵花有部分重叠，其中一朵花与另一朵花之间势必有部分遮挡。Image Quilting 方法只能将两朵花用最小色差原则融合在一起，使花朵产生"畸形"，实现不了遮挡效果，如图 5-5 所示。为此，本章对 Image Quilting 方法作了一些改进来实现这种遮挡效果。首先用本章提出的前景抓取法利用纹理的二值掩模图像将纹理前景提取出来，然后结合 Image Quilting 方法进行判断再进行纹理合成，部分简化伪代码如下。

```
For i=0 to height-1
   For j=0 to min_difference_Path(i)
      Color of Pij on ImageAB= Color of textureA
For j=min_difference_Path(i) to width-1
   If  textureA.mask value=1
     Color of Pij on ImageAB= Color of textureA
   Else
      Color of Pij on ImageAB= Color of textureB
```

本章的方法示意图如图 5-6 所示，图中黑色曲线仍为最小色差路径，但黑虚曲线和黑实曲线围成的部分表示在此区域纹理 A 的二值掩模图像值为 1 的部分，即纹理 A 的前景部分。

用本章改进的方法和 Image Quilting 方法进行比较，如图 5-5 所示。该图清楚地表明，当两朵花部分重叠时，本章提出的前景抓取变形法能实现这种前后遮挡效果从而使生成的图像看起来更加真实自然。

图 5-5　本章的方法与 Image Quilting 方法的比较

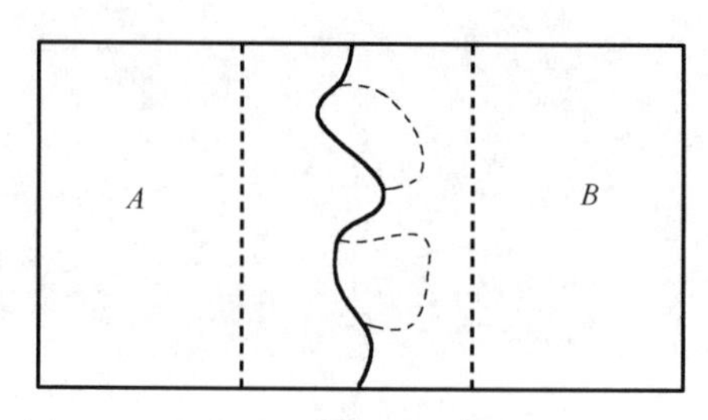

图 5-6 本章改进的 Image Quilting 方法

5.2.4 图像合成

到现在为止，已经生成了若干和原纹理样本相似的纹理样本变形及其相应的二值掩模图像，因而各种形态相似又各异的前景也就生成了。将旋转、比例变换作用于这些纹理从而产生更多形态相似又各异的前景。图像合成分为两个步骤。

（1）使用 Image Quilting 方法将一个小背景图像融合成一个较大的背景图像，参见本章 5.2.3 节。由于背景图像融合缝的求解相对简单，缝的数量也不多，所以图像合成速度非常快，本例中一个 1073×439 像素的树叶大背景（图 5-4）不到 1s 就合并完成。

（2）通过随机的方式，将这些相似的前景复制、粘贴到这块大的背景上。当生成自然风景，如花草类、瓜果类的图像时，前景之间的间距应慎重选择。例如，花与花之间的距离在自然风景图片中一般不是太密也不是太稀，所以选取的距离应遵循大自然的规律使得生成的图像看起来更自然。在开始合成之前，首先为大背景图准备了一幅初始值全为 0 的二值掩模图像。每复制一个纹理前景，则在大背景图相应的位置上将二值掩模图像原有的 0 值改为 1 值，表明该处已有纹理图粘贴过。随着纹理贴图的增多，该二值掩模图像将动态地改变其 0、1 值的状态。通过使用这个二值掩模图像，可以很好地控制前景纹理撒播在大背景图上的密度。合成图像中粘贴过程的部分伪代码简化如下。

```
For number=1 to Maxnumber
  {
      P.x=random(0,background.width-1);
      P.y=random(0,background.height-1);
      Texture number=random(0,texture total number-1);
       Texture.transformation(scaling,translation,rotation);
       Bool Flag=PointArea_Paste_Or_Not(P,background,texture);
       If flag=true
```

```
        {
            If the value of the 2-valued mask for the texture is 1
              {
                        Color on P(x+i,y+j) on the background
=Color on (i,j) on the texture
                        }
              }
        }
Bool  PointArea_Paste_Or_Not(P,background,texture)
{
    Bool initial =True;
     for (i=P.x; i<P.x+texture.width;i++)
       for(j=P.y;j<P.y+texture.height;j++)
           {
                if the value of the 2-valued mask for the background !=0
                       initial=False;
           }
Return initial;
}
```

5.2.5　结果与分析

应用上述前景抓取变形法生成了各种图像。主要的实验对象为花类图像，其他类型的图像也进行了一些实验。图 5-7 为用这种前景抓取变形法合成的各种图像。实验结果表明该方法对前景和背景区分比较明显的图像进行合成是有效可行的。所有生成的合成图像都只来源于位于其左边的单个源纹理样本。

(a)

图 5-7　从左至右为源纹理样本、合成图像

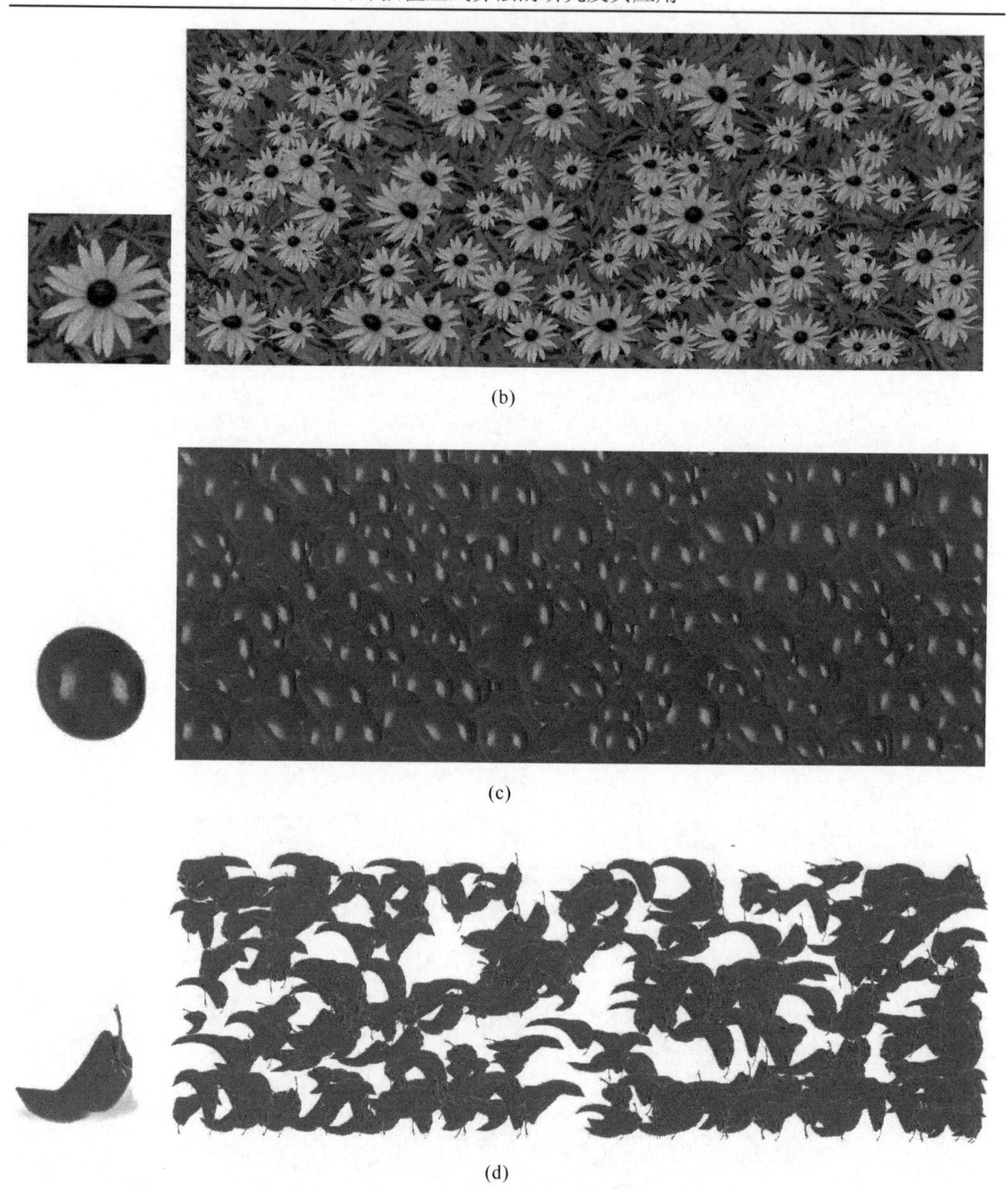

(b)

(c)

(d)

图 5-7　从左至右为源纹理样本、合成图像（续）

测试用的 PC 配置为 CPU Core i3，内存为 2GB，每幅图像的大小为 1073×439 像素，每幅图像的合成时间为 1～3s。其中部分合成图像带有一个大背景，如前面所述，它是用 Image Quilting 方法由小背景合成的，大背景图的合成时间大约为 2s。

图 5-8(b)中的 SIGGRAPH 横幅图像由 Graph Cut 算法交互生成。生成该横幅

的所有源图像列于图 5-8(a)中。可以看到生成横幅的每幅源图像中需要有几种不同形状的花的纹理样本，并且每个字母花生成的交互时间为几分钟[48]。

(a) 生成图像(b)所用的源图像

(b) 用 Graph Cut 算法生成的 SIGGRAPH 横幅图像

图 5-8　一个用 Graph Cut 算法生成 SIGGRAPH 横幅的实例

图 5-9(b)中的 SIGGRAPH 横幅图像由本章的算法——前景抓取变形法交互生成。生成该横幅的所有源图像列于图 5-9(a)中。可以看到生成横幅的每幅源图像中仅需要一种花的纹理样本，而不同形状的花朵可根据多结点样条插值变形方法产生，并且每个字母花生成的交互时间为 5～40s。

(a) 生成图像(b)所用的源图像

(b) 用本章的算法生成的 SIGGRAPH 横幅图像

图 5-9　一个用本章的算法生成 SIGGRAPH 横幅的实例

图 5-10 和图 5-11 分别给出了用本章方法交互合成的其他几种横幅设计实例，原图像大小均为 1073×439 像素，运行环境同上，每个字母生成的交互时间为 5～40s。

图 5-10　Macao 横幅实例

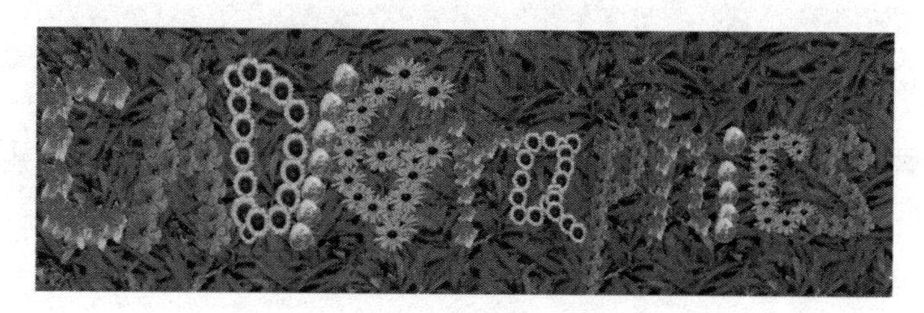

图 5-11　CAD/Graphics 横幅实例

5.3　本 章 小 结

本章提出了一种新的基于前景抓取和多结点样条变形的图像合成方法，可称为前景变形法（Foreground-Deformation Method）。这种新的图像合成方法简单可靠、计算速度快，可用于生成由一些基本相似的纹元组成的自然风景图像或一些随机图像，也可用于交互地生成各种人为设计的图像，如横幅图像等。它特别适用于那种有着对比鲜明的前景和背景的纹理样本图像。和其他方法相比，这种方法在大背景上采用反复贴图的方法将前景贴上去，不存在纹理接缝，避开了在现有纹理合成方法中的纹理拼接难题，能用少量的纹理样本甚至只用一个纹理样本生成一个大的自然风景图像或人为设计的图像，并且能实现纹理前景之间的相互遮挡效果。但是，如果纹理样本本身不具备清晰的前景和背景，这种方法生成的图像不一定有好的效果。

第6章 基于多结点样条插值的信息隐藏

6.1 概　　述

数字图像信息隐藏是信息安全的重要组成部分，数字图像信息隐藏主要以数字图像处理和计算机图形学以及计算机密码学为基础，数字图像的隐藏所研究的问题包括隐藏、置乱、伪装、分存和数字水印等。数字图像信息隐藏和伪装的目的是将需保密的信息隐藏到另外一个可以公开的数字图像之中，利用人的视觉生理和“所见即所得”的心理，来迷惑恶意的攻击者，使秘密信息的存储与传输得到可靠的保护，达到“所见非所得”的要求。毋庸置疑，随着Internet的技术进步和电子商务等重要需求的增长，信息安全和保密问题就显得越来越重要。目前文献可查的对数字图像进行信息隐藏、伪装的方法主要有LSB（Least Significant Bit）方法、Patchwork方法、几何不变方法、纹理映射方法等。LSB方法利用数字图像中表示像素灰度值的二进制码，利用其中的最低有效位，隐藏其他信息。Patchwork方法主要针对JPEG有损压缩和一些可能的数字图像进行处理。几何不变方法对几何变换适应性较强，但对其他类型的变换抗攻击能力较弱。纹理映射方法将数字图像映射到相似的纹理上去，避免人眼察觉[51]。本章试验一种新的图像信息伪装方法，与现有信息隐藏和伪装方法不同的是，该方法首先将可公开图像和秘密图像的0-1信息码各自映射成复平面上的点，然后在复平面上将公开图像和秘密图像信息利用多结点样条调配函数融合成伪装数据，解码过程通过求解微分方程实现，最终得到原始秘密图像。结果表明，多结点样条插值技术在数字信息安全算法研究方面是有应用潜力的。

6.2 数字信息的融合与调配函数的选择

在数字图像处理的研究中，往往将不同的信息加以融合。假定有已知信号（函数）系列为 $f_0(x), f_1(x), \cdots, f_n(x)$, 并且 x 是依赖 t 的变量，信息融合的第一步是选取恰当的调配函数[51,52] $\varphi_0(t), \varphi_1(t), \cdots, \varphi_n(t)$，产生融合信号

$$F(t) = \sum_{j=0}^{n} f_j(x(t))\varphi_j(t) \tag{6-1}$$

假若选取的调配函数具有性质

$$\varphi_j(k)=\begin{cases}1, & k=j\\ 0, & k\neq j\end{cases} \tag{6-2}$$

那么 $F(k)=f_k, k=0,1,2,\cdots,n$ 。

由于多结点样条基函数（参见 2.9 节）满足式（6-2），所以可以选择多结点样条基函数为调配函数 $\{\varphi_j(t)\}$，$j=0, 1, 2,\cdots,n$，作成如式（6-1）的信息融合表达式。

6.3　建立不同类型信息之间联系的微分方程模型

对式（6-1）给出的表达，令 $F(t)=0$，并对其求导数，得

$$\begin{cases}\dfrac{\mathrm{d}x}{\mathrm{d}t}=-\dfrac{\sum\limits_{j=0}^{n}f_j(x)\varphi_j'(t)}{\sum\limits_{j=0}^{n}f_j'(x)\varphi_j(t)}\\ x(0)=\alpha\end{cases} \tag{6-3}$$

其中，初始条件的确定，基于以下事实：注意调配函数 $\{\varphi_j(t)\}, j=0,1,2,\cdots,n$ 的性质，由于

$$F(0)=\sum_{j=0}^{n}f_j(x(0))\varphi_j(0)=f_0(x(0))=0 \tag{6-4}$$

那么 $x(0)$ 是方程 $f_0(x)=0$ 的一个根。把 $f_0(x)=0$ 作为表达初始给定信息的方程，通过构造 $f_0(x)$，使得 $x(0)$ 是已知的，于是能够给出微分方程模型中的初始条件。事实上，这是数学上的同伦的思想。

以最简单的情形为例，取 n=1，调配函数为 $\varphi_0(t)=1-t,\varphi_1(t)=t$，记 $f_0=f(x)$，$f_1=g(x)$，则融合信号为 $F(x)=(1-t)f(x)+tg(x)$。显然 $x(1)$ 就是 $g(x)=0$ 的根。假设 $f(x)=0$ 的根已知，为了求出 $g(x)=0$ 根，归结为求解常微分方程初值问题：$x'(t)=\dfrac{f(x(t))-g(x(t))}{(1-t)f'(x)+tg'(x)}$，$x(0)$ 为已知，可以用四阶龙格–库塔法[4]求解。

6.4　数字图像信息伪装隐蔽算法

文献[52]的作者探讨了数字图像与复平面上点之间互相对应的数学基础问题。在本节中运用其中的复数基下编码的理论研究结果，复平面上的点与 0-1 序

列一一对应，设复数 $P_0+\mathrm{i}Q_0$ 表示成的 0-1 序列为 $e_N e_{N-1}\cdots e_2 e_1 e_0, e_j\in\{0,1\}$，$P_0+\mathrm{i}Q_0=\sum_{j=0}^{N}e_j b^j=\sum_{j=0}^{N}e_j r_j+\mathrm{i}\sum_{j=1}^{N}e_j s_j$ 其中，复数基 $b=\xi+\mathrm{i}\eta$，$\xi,\eta=\pm1$，$\sum_{j=0}^{N}e_j r_j=P_0$，$\sum_{j=1}^{N}e_j s_j=Q_0$。

本节提出的数字图像信息伪装隐蔽算法是：首先对两个给定数字图像 A、B（分别为公开图像、秘密图像）构造出 A 与 B 的数据分别满足的方程 $f(x)=0$ 与 $g(x)=0$，从而建立微分方程模型；然后，将给定数字图像 A 的 0-1 码信息映射到复平面上，得到 Z_A；接着，在复平面上求解常微分方程的初值问题，即当 $t=0$ 时 Z_A 已知，而当 $t=1$ 时求解到的解就是 Z_B。假如给定一系列的数字图像（如视频的系列关键祯画面）$A_j, j=0,\ 1,\ 2,\cdots,n$，那么构造出相应的 $f_j(x)=0, j=0,\ 1,\ 2,\cdots,n$，类似上述过程将 $A_j, j=0,\ 1,\ 2,\cdots,n$ 映射到复平面得到 $Z_j, j=0,\ 1,\ 2,\cdots,n$；当 $t=0$ 时 Z_0 已知，若采用三次多结点样条基函数（参见式 2-22）作为调配函数，那么通过求解常微分方程的初值问题，当 $t=1,\ 2,\ 3,\cdots,n$ 时得到的解便是 Z_1，Z_2，$Z_3,\cdots,Z_n$。

实现过程可用流程图表示，如图 6-1 和图 6-2 所示，图中 CNB（Complex Number

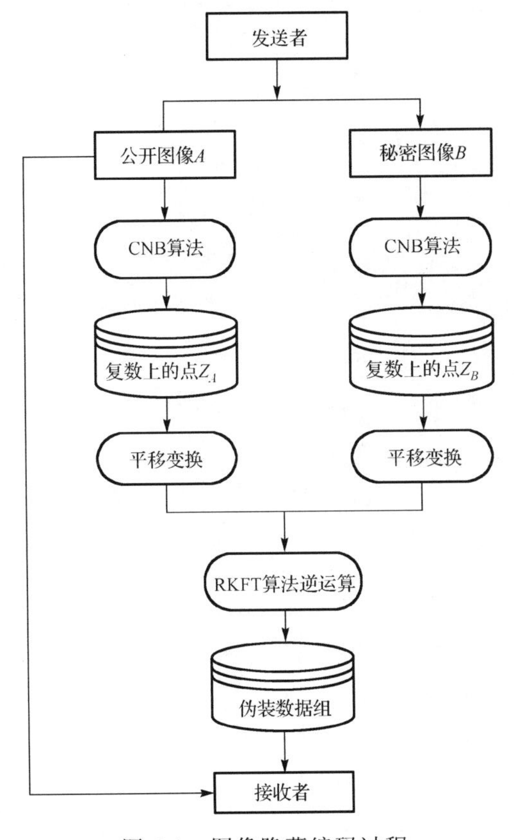

图 6-1　图像隐藏编码过程

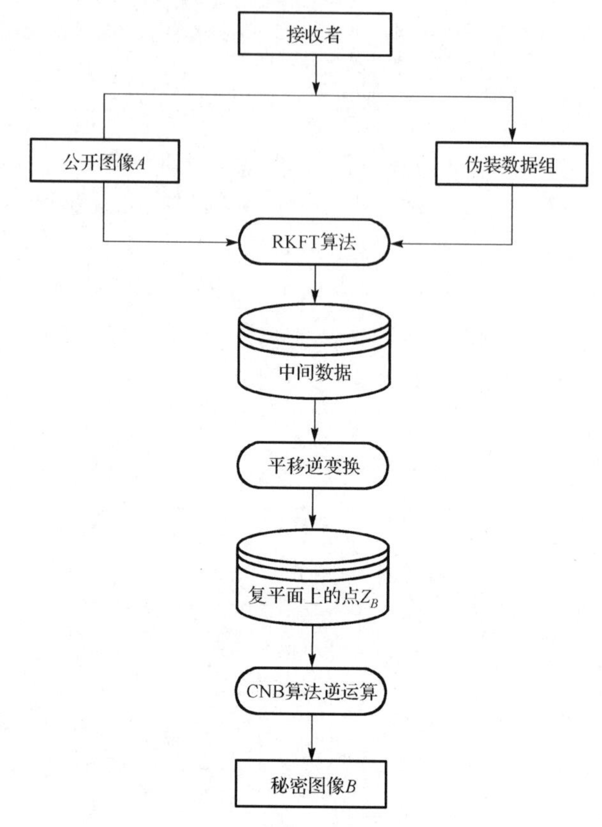

图 6-2　图像隐藏解码过程

Base）算法实现怎样从图像 0-1 信息码转变成复平面上的点，RKFT（Runge-Kutta Function Transform）算法实现怎样从给定的调配函数、微分方程模型和原始数据求解常微分方程的初值问题，从而得到复平面上的点。

6.5　实 验 图 例

下面给出用多结点样条基函数作为调配函数求解微分方程的信息隐藏算法的若干实例，测试用的计算机配置为 CPU Core i3，2GB 内存普通台式机，图像格式都是 24 位真彩位图。图 6-3 中左图为公开图像，右图为秘密图像。第一组公开图像为金山词霸背景图像（大小为 640×480 像素，900KB），解出的秘密图像（大小为 640×480 像素，900KB）是在原有的金山词霸背景图像上载有一段密文，编码时间为 7s，解码时间为 11s。第二组公开图像为一张蓝天海滩普通照片（大小为 800×640 像素，1501KB），解出的秘密图像（大小为 800×640 像素，1501KB）

是在原有的蓝天海滩背景图像上显现一幅秘密电路图，编码时间为 10s，解码时间为 24s。第三组公开图像为 Lena 图像（大小为 512×512 像素，769KB)，解出的秘密图像（大小为 512×512 像素，769KB）是一幅与原图像完全不同的天文处理图像，编码时间为 6s，解码时间为 11s。第四组公开图像是一朵玫瑰花的普通照片（大小为 800×600 像素，1407KB)，解出的秘密图像（大小为 800×600 像素，1407KB)是一幅与原图像完全不同的指纹图像，编码时间为 10s，解码时间为 24s。第五组公开图像与第四组公开图像完全相同，但解出的秘密图像与第四组的秘密图像完全不同，为某张地图，大小为 800×600 像素，1407KB，编码时间同样为 10s，解码时间为 24s。

序号	公开图像	秘密图像	编码解码时间
1		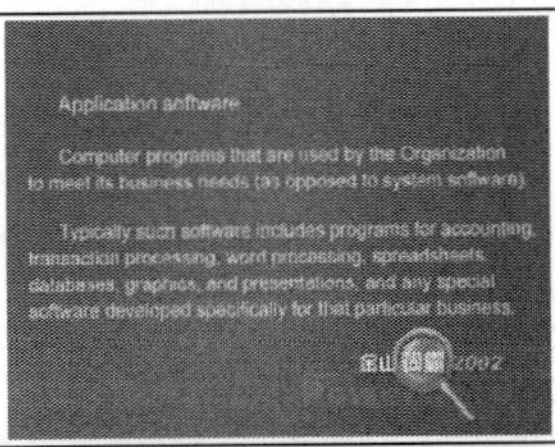	编码：7s 解码：11s
2		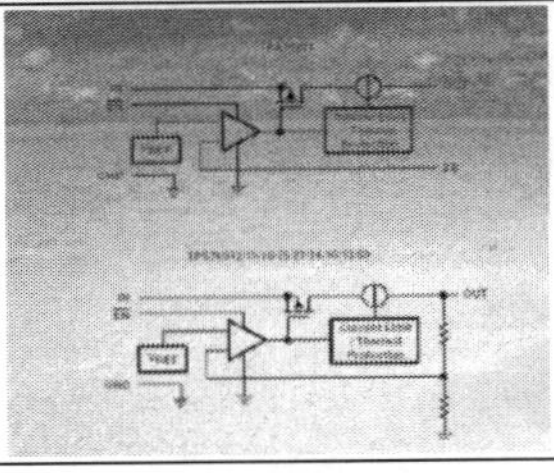	编码：10s 解码：24s
3		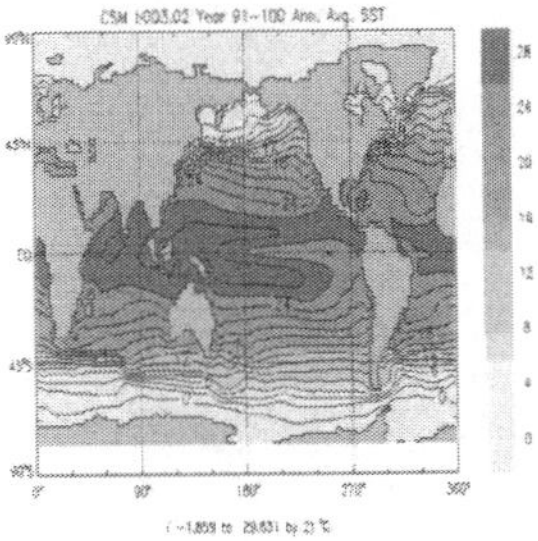	编码：6s 解码：11s
4		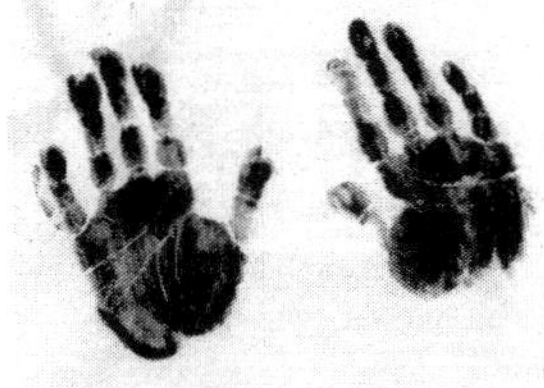	编码：10s 解码：24s

图 6-3　用多结点样条基函数作为调配函数的图像伪装算法实例

5	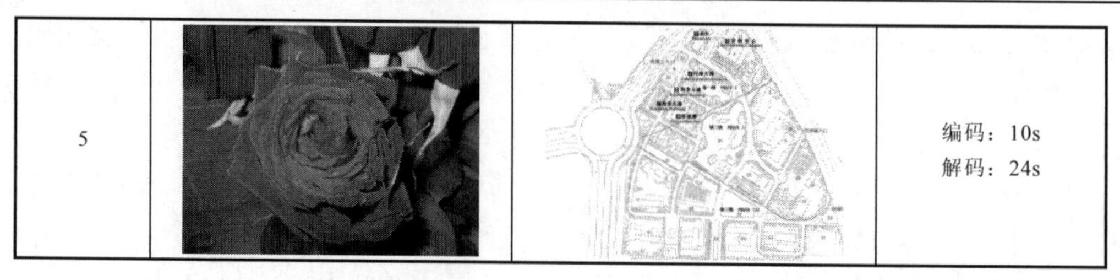		编码：10s 解码：24s

图 6-3 用多结点样条基函数作为调配函数的图像伪装算法实例（续）

6.6 本 章 小 结

本章从数学中同类算法的思想出发，利用多结点样条基函数作为调配函数，求解微分方程，能从已知数字图像计算出另一幅图像。实例表明，从图像的 0-1 信息码转变成复数时都为整数运算，解出的秘密图像和原始秘密图像没有差异，即为无损失的图像隐藏，并且同一公开图像每次可以隐藏不同的秘密图像，从原始秘密图像的数据到复平面上的点，再到伪装数据组，其中经过了两次变换，公开图像和秘密图像完全无关，所以这种算法伪装隐蔽性很强，可应用于安全性要求很高的领域。

第 7 章 基于多结点样条的自由曲线最小误差逼近及其应用

7.1 概 述

在实际应用特别是在反向工程中，对工件测量（数字化）之后得到的是一系列离散数据，为了实现工件的再加工或误差评定，必须对这些离散数据进行光滑而精确的曲线、曲面重构，即数学建模。为了实现高效率、高精度的光滑建模，以用于 CAD/CAM 系统，研究曲线曲面最小误差逼近拟合建模具有重要意义。

在建模领域，通常使用 B 样条对曲线曲面进行插值建模，而多结点样条近年来也因为它的各种优势而广泛用于插值法建模方面，且效果显著。多结点样条函数最早是针对插值问题提出的，1975 年，齐东旭给出了多结点样条基本函数的构造和计算格式[18-21]。对插值问题而言，多结点技术的最大优点是导致插值过程不需要求解任何方程组，而且插值格式具有局部性，这是与通常样条函数插值（三弯矩算法）在计算上的根本区别。应用广泛的 B 样条曲线拟合方法虽然也不必求解方程组，也具有局部性，但在几何造型的应用中，因其无法保证通过型值点而给工程计算带来不便，因此多结点方法在工程应用上和理论研究上受到了重视。

鉴于曲线建模是曲面建模的基础，本章研究这种甚具潜力的多结点样条拟合建模及其关键问题，实验表明，所建立的曲线拟合数学模型逼近拟合效果颇佳。

7.2 多结点样条最小逼近误差拟合数学模型

本章采用三次多结点样条最小二乘法进行曲线建模，设在区间$[a, b]$上有 m 个采样点$(\zeta_j, y_j)(j=1,2,\cdots,m)$，构造多结点样条曲线模型，定义拟合曲线为

$$S(x)=\sum_{i=1}^{n}C_iL_3(x-x_i) \tag{7-1}$$

其中，x_i 为给定的节点，调整不同距离的节点位置，可以得到不同的拟合效果，本章取等距的节点位置，通常 m 远大于 n。各采样点的残差表达式为

$$\begin{aligned} r_j &= S(\zeta_j) - y_j = \sum_{i=1}^{n} C_i L_3(\zeta_j - x_i) - y_j \\ &= C_1 L_3(\zeta_j - x_1) + C_2 L_3(\zeta_j - x_2) + \cdots + C_n L_3(\zeta_j - x_n) - y_j \end{aligned}$$

残差平方和为

$$F(C_1, C_2, \cdots, C_n) = \sum_{j=1}^{m} r_j^2$$

取拟合节点 $a < \xi_1 < \xi_2 < \cdots < \xi_n < b$，依据最小二乘原理残差平方和最小，即需确定 n 个系数 C_i 使 $F(C_1, C_2, \cdots, C_n)$ 最小，于是得到方程组为

$$\frac{\partial F}{\partial C_j} = 0, \quad j = 1, 2, \cdots, n \tag{7-2}$$

矩阵表达式为

$$\begin{bmatrix} \sum_{i=1}^{m}(L_3(\xi_i - x_1))^2 & \sum_{j=1}^{m} L_3(\xi_i - x_1) L_3(\xi_j - x_2) & \cdots & \sum_{j=1}^{m} L_3(\xi_i - x_1) L_3(\xi_j - x_n) \\ \sum_{j=1}^{m} L_3(\xi_i - x_2) L_3(\xi_j - x_1) & \sum_{i=1}^{m}(L_3(\xi_i - x_2))^2 & \cdots & \sum_{j=1}^{m} L_3(\xi_i - x_2) L_3(\xi_j - x_n) \\ \vdots & \vdots & & \vdots \\ \sum_{j=1}^{m} L_3(\xi_i - x_n) L_3(\xi_j - x_1) & \sum_{j=1}^{m} L_3(\xi_i - x_n) L_3(\xi_j - x_2) & \cdots & \sum_{i=1}^{m}(L_3(\xi_i - x_n))^2 \end{bmatrix} \cdot \begin{bmatrix} C_1 \\ C_2 \\ \vdots \\ C_n \end{bmatrix}$$

$$= \begin{bmatrix} \sum_{j=1}^{m} L_3(\xi_i - x_1) y_j \\ \sum_{j=1}^{m} L_3(\xi_i - x_2) y_j \\ \vdots \\ \sum_{j=1}^{m} L_3(\xi_i - x_n) y_j \end{bmatrix} \tag{7-3}$$

值得注意的是，由于多结点样条基函数的性质，该方程组的系数矩阵具有带状对角特点，条件数较好，方程组求解容易、速度快，求出的系数 $C_1, C_2, \cdots, C_n$ 为型值点的代表点。这一特点使得用多结点样条最小逼近误差拟合数学模型的方法优于其他方法。

7.3　实例分析及其应用

1. 平面曲线的拟合

平面曲线的拟合如图 7-1 所示，下列两个例子的原曲线参数方程分别为

$$x=\cos(t/7),\quad y=\sin(t/5)$$
$$x=\cos(t/4),\quad y=\sin(t/10)$$

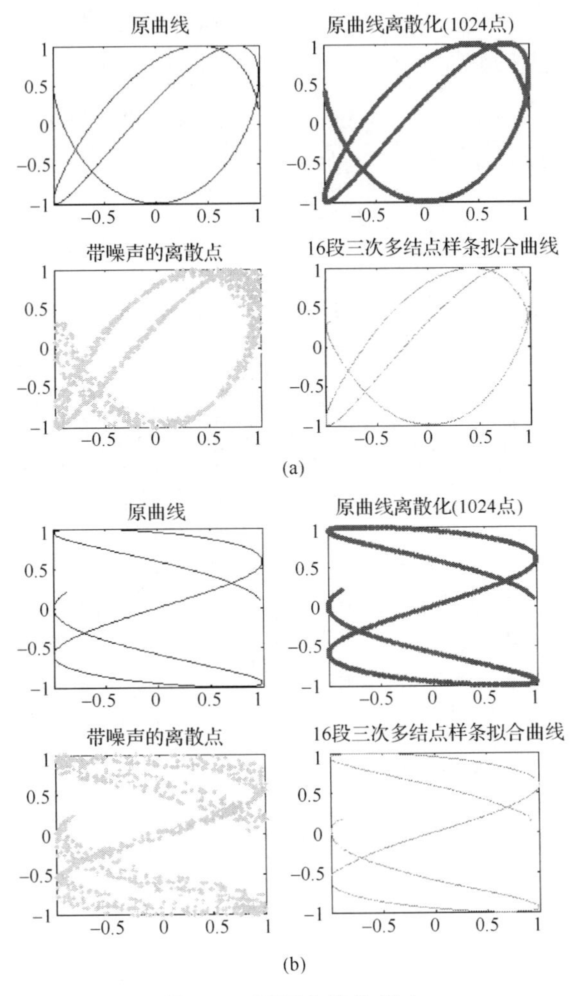

图 7-1　平面曲线的拟合

这两个例子表明，用多结点样条最佳逼近的拟合，对于带有噪声的平面离散数据，依然可以较好地重构原曲线，而且所使用的段数较少，只需 16 段，即 17 个拟合系数，即可较好地完成对 1024 个点的数据拟合。

2. 空间曲线的拟合

下列两个例子（如图 7-2 中的例 1 和例 2）的原曲线参数方程分别为

$$x = \sin(t / 3.14) + \cos(t / 6.28)$$

$$y = \cos(t / 6.28) \times \sin(t / 9.6)$$

$$z = 10 \times \exp(-t) \times \sin(t / 6.28)$$

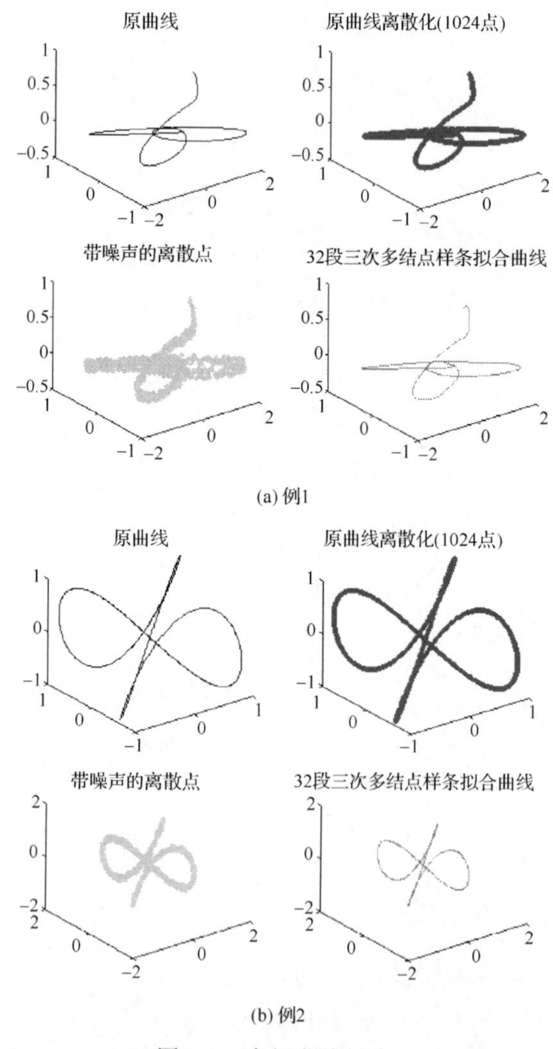

图 7-2　空间曲线拟合

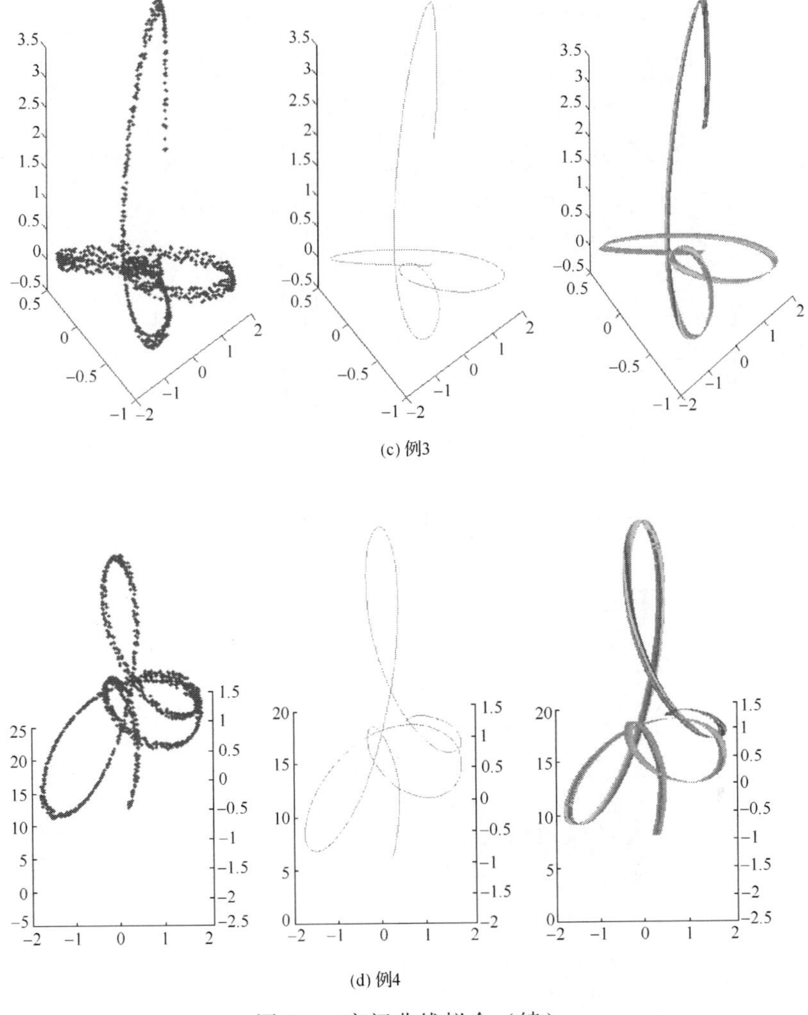

(c) 例3

(d) 例4

图 7-2　空间曲线拟合（续）

以及

$$x = \sin(t / 3)$$
$$y = \sin(t / 6)$$
$$z = \sin(t / 2)$$

图 7-2(a)和图 7-2(b)的四个图分别是原曲线、原曲线离散化（1024 点）、带噪声的离散点和 32 段三次多结点样条拟合曲线；图 7-3(c)和图 7-3(d)的三个图分别是带噪声的离散点云数据、32 段三次多结点样条拟合曲线和拟合后曲线的立体形状。例子表明，使用较少段数（这里是 32 段）的多结点样条对于带噪声的空间离散数据，其拟合效果良好。

3. 基于多结点样条最佳逼近骨骼化

设想几何造型是由它的骨骼和骨骼外围的噪声数据组成的，那么骨骼化的过程就相当于去噪声的过程，只要选择好合适的段数，通过多结点样条最佳逼近来实现几何造型的骨骼化是可行的。文献[52]应用和优化了组合模板的概念提出一种快速实用的细化算法，图 7-3(c)中的三个例子中，左图为原始图形，中图为文献[52]的细化算法，右图为本章算法。

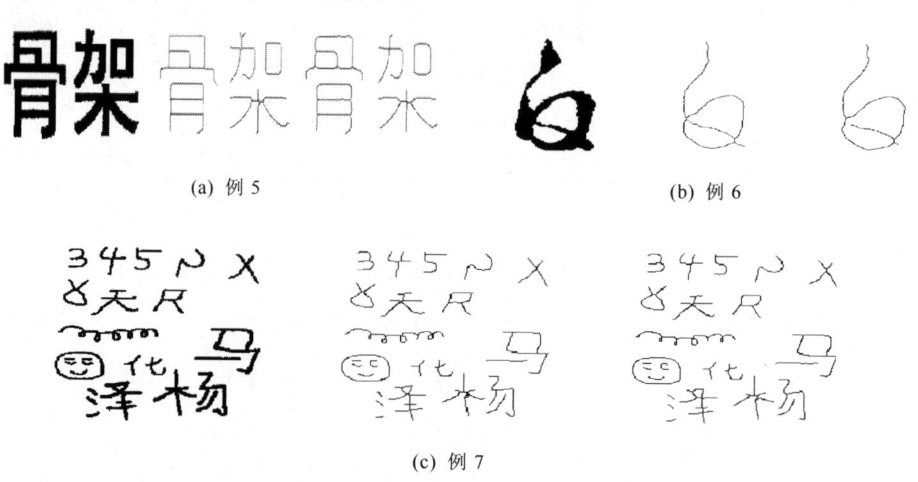

(a) 例 5　　(b) 例 6

(c) 例 7

图 7-3　几何造型的骨骼化实例比较

7.4　本 章 小 结

本章实现了多结点样条最佳逼近曲线建模，方程组求解容易、计算速度快，求出的系数为型值点的代表点。这一特点使得用多结点样条最小逼近误差拟合数学模型的方法优于其他方法，具有很大灵活性。参数化的多结点样条最佳逼近对于平面和空间离散数据，甚至是带噪声的离散数据，拟合效果良好。应用多结点样条最佳逼近的去噪声性质，实验证实多结点样条最佳逼近还具备对几何造型骨骼化的能力，其骨骼化效果良好。

第8章　基于混合型多结点样条插值曲面的图像放大方法

8.1　概　　述

图像放大就是将一幅图像从较低分辨率通过插值转换到较高的分辨率。在图像处理中，图像放大具有重要的作用。同时，图像放大技术广泛地应用在气象、遥感、医学、公安、军事、动画制作和电影合成等方面。通常，采用简单的比例变换来进行图像放大，但这种方法会引起比较严重的图像走样，使得图像产生大量锯齿。目前比较成熟的算法有最近点插值、双线性插值和样条插值等。最近点插值方法简单、容易实现，然而该方法同样会在新的图像中产生明显的锯齿形边缘和方块效应，双线性插值具有一定的边缘平滑作用，但会使图像的细节产生退化，丢失重要的边缘特征，三次样条插值和三次B样条插值放大后的图像函数具有较高的光滑性，但是计算量大，而且放大后容易造成图像边缘模糊。文献[53]提出了一种基于贝塞尔插值曲面的图像放大方法，该方法要用到曲面拼接，大大降低了效率。

为了兼顾插值与逼近方法的优点，多结点样条函数在通常的样条函数中引入更多的附加结点，通过增加结点带来的自由度来构造原结点上插值的高精度样条逼近格式。多结点样条基函数是基数型的，使得插值过程不需要求解方程组，同时，多结点样条基函数具有有界支集，保证了局部性和有效性。多结点样条以其良好的局部性、插值性等优越性，已成功地应用于飞机外形、机翼、海洋、地质的数据处理和动画片的计算机制作等领域。

本章在研究多结点样条的构造后，加以简化，从而推导出混合型多结点样条；其次，由数字图像构造混合多结点样条插值曲面，提出一种利用多结点样条插值曲面的图像放大方法；同时，为了提高该方法的效率，提出一种加速算法；最后得出实验结果与结论。

8.2 混合型多结点样条

1. 混合型多结点样条函数

如第 2 章所述，多结点样条是通过对等距 B 样条基函数的平移和叠加变换而得到的，它不仅能对插值点点点通过，并且保持了曲线样条的局部性、显式表达和容易交互的性质。

这里讨论另一类多结点样条基函数，记为 $p_k(x)$，它与一般基函数 $\Omega_k(x)$ 具有相同的跨度 $(-\xi_k,\xi_k)$，$\xi_k=(k+1)/2$，$k\in\mathbf{Z}$。

用基本样条函数的组合形成多结点样条基函数，令

$$p_k(x)=\sum_{j=0}^{\left\lfloor\frac{k+1}{2}\right\rfloor} d_j\Omega_{k-j}(x),\quad k\in\mathbf{Z} \tag{8-1}$$

其中，$\left\lfloor\frac{k+1}{2}\right\rfloor$ 表示小于等于 $\dfrac{k+1}{2}$ 的最大整数。从插值样条条件考虑，令

$$p_k(0)=1,\quad p_k(m)=0$$

当 $m\in\mathbf{Z},\ \ m\neq 0$ 时得到 d_j 的线性方程组，由 $\left\{\sum_{j=0}^{\left\lfloor\frac{k+1}{2}\right\rfloor} d_j\Omega_{k-j}(x)\right\}$ 的线性独立性质，可知这样的解存在且唯一，当 $k=3$ 时，所求得的基函数为

$$p_3(x)=-3\Omega_3(x)+4\Omega_2(x) \tag{8-2}$$

基函数图形如图 8-1 所示。

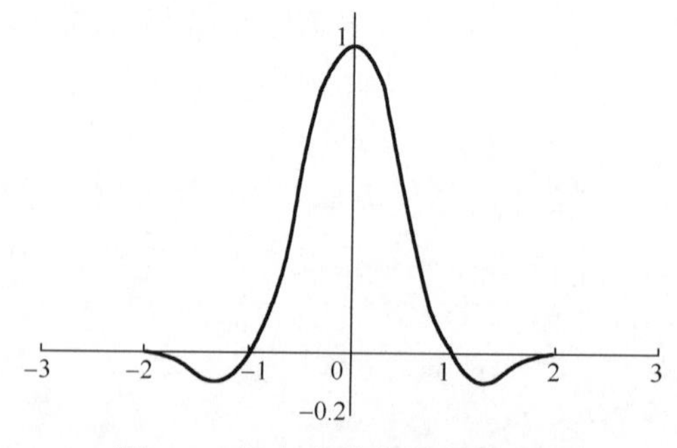

图 8-1 混合多结点样条基函数

2. 混合型多结点样条插值曲面

一般地，混合型多结点样条的插值函数可写为

$$g(x)=\sum_{i}p_k(x-i)f(x_i),\quad x\in[0,n] \tag{8-3}$$

其中，$f(x_i)\,(i=0,1,\cdots,n)$ 是采样值；p_k 为混合型多结点样条。

相应地，混合型多结点曲面插值公式为

$$g(u,v)=\sum_{i=1}^{m}\sum_{j=1}^{n}p_k(u-m)p_l(v-n)p_{ij},\quad 0\leqslant u\leqslant m,0\leqslant v\leqslant n \tag{8-4}$$

其中，p_k 为 u 方向上的混合型多结点样条基函数；p_l 为 v 方向上的混合型多结点样条基函数；p_{ij} 为控制顶点，根据上式可以张成 $k\times l$ 阶混合型多结点样条曲面。

8.3 由数字图像构造混合型多结点样条插值曲面算法

不妨设 $P(x,y)$ 是一个 m 行 n 列的数字图像，它提供了图像色彩的 3 个离散信息阵列，每个色彩分量对应于一个阵列，即

$$P(x,y)=\begin{bmatrix}R(x,y)\\G(x,y)\\B(x,y)\end{bmatrix} \tag{8-5}$$

插值方法的价值在于，将有限的离散信息扩展为一个连续的信息系统，或者说，为离散信息补充了各种中间信息。不妨以红色分量来说明。

（1）设 $R_{i,j}(1\leqslant i\leqslant m,1\leqslant j\leqslant n)$ 是 $P(x,y)$ 中第 i 行第 j 列像素的红色分量，它与像素平面上的二维点 (i,j) 相对应，构造一个二元函数 $Q(s,t)(0\leqslant s\leqslant m,0\leqslant t\leqslant n)$，使 $Q(i,j)=R_{i,j}$，并且 $Q(s,t)$ 在任一点处达到 C^2 连续。

（2）函数构造方法是：将矩阵 $R_1=\left\{R_{i,j};1\leqslant i\leqslant m,1\leqslant j\leqslant n\right\}$ 扩充为 $R_2=\{R_{i,j};0\leqslant i\leqslant m+1,0\leqslant j\leqslant n+1\}$，即续上 $R_{i,j}$（$i=0$，$m+1$ 或 $j=0$，$n+1$）的值，这里采用外向插值法，取 $R_{0,j}=2R_{1,j}-R_{2,j}(1\leqslant j\leqslant n)$，$R_{m+1,j}=2R_{m,j}-R_{m-1,j}(1\leqslant j\leqslant n)$，$R_{i,0}=2R_{i,1}-R_{i,2}(1\leqslant i\leqslant m)$，$R_{i,n+1}=2R_{i,n}-R_{i,n-1}(1\leqslant i\leqslant m)$，$R_{0,0}=R_{0,1}+R_{1,0}-R_{1,1}$，$R_{0,n+1}=R_{0,n}+R_{1,n+1}-R_{1,n}$，$R_{m+1,0}=R_{m,0}+R_{m+1,1}-R_{m,1}$，$R_{m+1,n+1}=R_{m+1,n}+R_{m,n+1}-R_{m,n}$。

然后将 R_2 扩充为 R_3，其扩充方法与 R_2 的方法相同。得到 $(m+4)\times(n+4)$ 的矩阵 R'。由混合型多结点样条的曲面插值公式，即

$$Q(s,t)=\sum_{i=1}^{m+4}\sum_{j=1}^{n+4}p_3\left(\frac{s-x_i}{l_1}\right)p_3\left(\frac{t-y_j}{l_2}\right)R'_{ij} \tag{8-6}$$

其中，$x_i=1,2,\cdots,m+4$；$y_i=1,2,\cdots,n+4,l_1,l_2$为样点间距，这里设两个相邻像素点间距为 1，即$l_1=l_2=1$。

曲面插值公式简化为

$$F(u,v)=\sum_{i=1}^{m+4}\sum_{j=1}^{n+4}p_3(u-x_i)p_3(v-y_j)R'_{ij} \tag{8-7}$$

（3）用同样的方法可以为$P(x,y)$的绿色分量$G(x,y)$和蓝色分量$B(x,y)$构造二次与三次混合型多结点样条插值曲面。

$Q(s,t)$在整体上是C^1连续的，因此，$Q(s,t)$是$P(x,y)$信息的一种连续表示，由于多结点样条的局部性，每段曲面只依赖于附近 4×4 个像素点的值，这就是下面加速方法的理论基础。另外，插值曲面$Q(s,t)$具有一次严格性，当所有$R_{i,j}$共面时，$Q(s,t)$便是一个平面。如果$P(x,y)$表示一幅色彩均匀变化的图像，任意放大，它仍然是均匀的。

使用上面的方法，可以产生质量较好的图像，但因其每个像素点都需要通过周围的像素点计算得到，即$F(u,v)=\sum_{i=1}^{m+4}\sum_{j=1}^{n+4}p_3(u-x_i)p_3(v-y_j)R'_{ij}$中对于任意$u$、$v$，$p_3(u-x_i)p_3(v-y_i)$的值都不同，因此需要很大的计算量，速度较慢。为此，这里提出如下加速方法。

8.4　加 速 方 法

由于多结点样条具有良好的局部性，像素点(i,j)的计算只依赖于其附近的 4×4 个像素点的值，即

$$F(u,v)=\sum_{i=[u]-1}^{[u]+2}\sum_{j=[v]-1}^{[v]+2}p_3(u-x_i)p_3(v-y_j)R'_{ij}=\boldsymbol{L}\times\boldsymbol{R} \tag{8-8}$$

其中，$\boldsymbol{R}=R'_{i,j}([u]-2\leqslant i\leqslant[u]+3,[v]-1\leqslant j\leqslant[v]+2)$是已知量；$\boldsymbol{L}=p_3(u-x_i)p_3(v-y_j)$ $([u]-2\leqslant i\leqslant[u]+3,[v]-1\leqslant j\leqslant[v]+2)$。对于每个$u$、$v$，系数$L$都需要重新计算，因此计算时间主要消耗在矩阵$\boldsymbol{L}$计算系数上，为了解决这个问题，将$(i,j)$像素沿$i$方向和$j$方向均匀地划分为若干部分，如分成 8 个部分，这样便把(i,j)像素均匀地划分成 64 个小块，分别用$(0,0),(0,1),\cdots,(7,7)$标记这些小块，如图 8-2 所示。

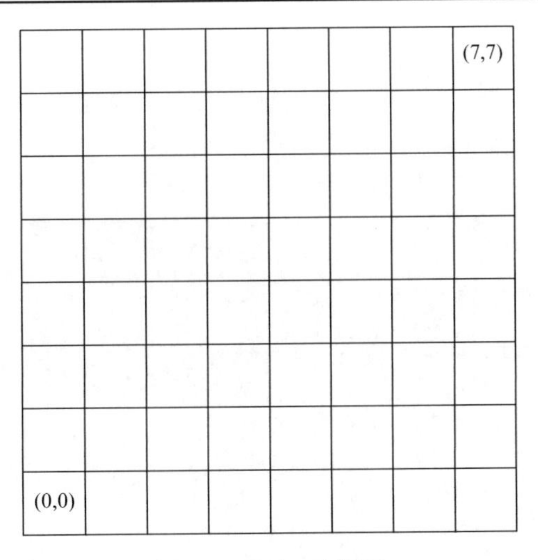

图 8-2　标记示意图

可以看出，块 (x,y) 的右上角顶点的坐标为 $\left(\frac{x}{8},\frac{y}{8}\right)$，可以预先计算出这些顶点的系数矩阵 $\boldsymbol{M}_{x,y}$，当图像放大时，若需要计算 $P(i,j)$ 在 $F(u,v)$ 曲面上的值，则首先通过映射公式判断出 (u,v) 所属的块为 $\left(\left[\frac{u}{8}\right],\left[\frac{v}{8}\right]\right)$，然后用该块的右上角的系数矩阵 $\boldsymbol{M}_{\left[\frac{u}{8}\right],\left[\frac{v}{8}\right]}$ 近似 (u,v) 坐标所对应的系数矩阵，用该矩阵中的元素作为系数，代入公式 $F(u,v)=\sum_{i=[u]-1}^{[u]+2}\sum_{j=[v]-1}^{[v]+2}p_3(u-x_i)p_3(v-y_j)R'_{ij}$，将其结果作为 (u,v) 处色彩分量值。

实验表明，该方法可以大大提高计算速度，而且由系数矩阵近似所导致的误差非常小，对图像质量的影响不大。

8.5　实验结果与分析

实验中从标准图像数据库中选取以下 7 幅 512×512 像素的测试图像（依次为 Lena、House、Bird、Peppers、Avion、Butfish、Frog）来测试（见图 8-3）。

分别先将图像降采样为 256×256 像素大小的图像，采用不同的算法分别进行两倍系数的放大，生成 512×512 像素的结果图像。本节对四种算法进行了对照实验，如表 8-1～表 8-4 所示。第一种方法为临近插值（Nearest），第二种为双线性插值（Bilinear），第三种为双三次插值（Bicubic），第四种为混合型多结点样条插值（Manyknot）。采用峰值信噪比（PSNR）、均值误差（MAE）与梯度（grads）

来量化比较算法的优劣。从表 8-1～表 8-3 可以看出，除了在梯度方面，混合型多结点样条插值略低于邻近插值外，混合型多结点样条插值均优于其他三种算法。不难理解，由于是邻近插值，梯度自然要高于混合型多结点样条插值。

图 8-3　512×512 像素的测试图像

表 8-1　各种算法 PSNR 的比较

图像	邻近	双线性	双三次	多结点
Lena	28.3273	30.168	30.0465	33.443
House	24.8718	26.6078	26.4807	29.3236
Bird	26.4908	28.47	28.4454	31.444
Peppers	26.3805	28.1292	27.647	30.4379
Avion	27.076	29.0083	28.9429	32.7317
Butfish	22.2712	23.9366	23.6636	25.4733
Frog	28.2893	29.9336	29.6342	31.4872

表 8-2　各种算法 MAE 的比较

图像	邻近	双线性	双三次	多结点
Lena	4.7677	4.5982	4.6114	2.9256
House	6.8102	6.6968	6.6798	4.2695
Bird	6.3797	6.0224	6.0343	4.0487
Peppers	5.7134	5.5684	5.7122	4.1866
Avion	4.5427	4.4	4.3713	2.6179
Butfish	10.9310	10.4969	10.6411	7.8428
Frog	4.1753	4.0732	4.1350	3.1054

表 8-3　各种算法梯度的比较

图像	邻近	双线性	双三次	多结点
Lena	5.5301	3.7594	4.626	4.7847
House	8.0765	5.6647	6.9847	7.2191
Bird	7.5068	5.3293	6.4149	6.5947
Peppers	5.8149	4.1545	5.0114	5.1172
Avion	5.5086	3.9546	4.7957	4.9272
Butfish	11.8643	7.6005	9.7658	10.1435
Frog	4.5038	2.9473	3.744	3.8679

表 8-4　多结点样条算法与加速算法的时间对比

	多结点算法时间/s	加速算法时间/s
图像 A	29.5364	1. 7730
图像 B	67.6126	4. 2918

从两幅图像中分别取其一小块 A、B。对小块图像 A、B 分别采用混合型多结点样条的加速方法与未加速方法将其放大 4 倍，如图 8-4 所示。表 8-4 给出了多结点样条算法与加速算法时间上的对比，表明加速算法能提高 10 倍以上的速度。

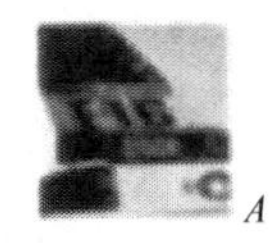

A

加速

未加速

图 8-4　多结点样条算法与加速算法结果比较

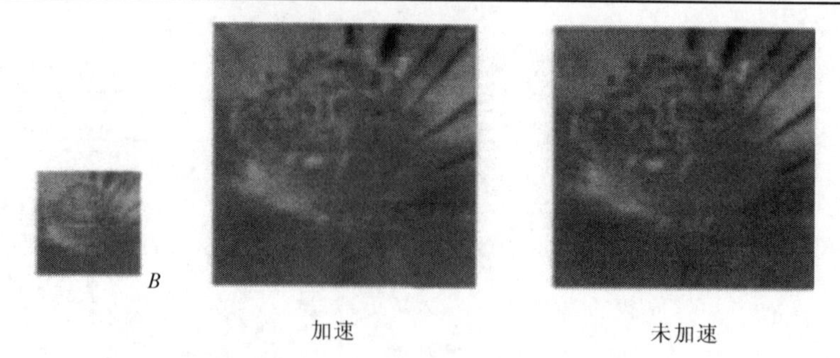

图 8-4　多结点样条算法与加速算法结果比较（续）

8.6　本 章 小 结

本章引入多结点样条的混合型，并将其应用于图像放大，该方法为数字图像的每一个色彩分量构造一个分块混合型多结点样条插值曲面。实验结果表明该方法对图像的放大质量较高。为了提高该方法的效率，提出一种加速算法。该加速算法在数字漫游系统与动画制作等方面可得到应用。今后，将多结点样条函数结合图像的梯度特征、各向异性和轮廓特征，开展进一步深入的研究。

第 9 章　多结点样条构造的月球 DEM 模型及高程分布特征模型

9.1　概　　述

月球是地球的天然卫星，自 1959 年 10 月，苏联发射了 Luna-3 卫星后，美国分别于 1962～1965 年发射了 Ranger 系列，1966～1968 年发射了 Surveyor 系列，1966～1967 年发射了 Lunar Orbiter 系列，1994 年发射了 Clementine，1999 年发射了 Lunar Prospector 等月球卫星来进行月球探测活动。相应的应用研究成果见文献[54]～文献[61]。近年来，随着欧空局 2006 年发射 Smart-1，日本 2007 年发射月神号及 2007 年中国嫦娥一号探月卫星的发射，全球又掀起了新一轮的探月热潮。

2007 年 10 月 24 日，我国首颗绕月探测卫星嫦娥一号在西昌卫星发射中心由“长征三号甲”运载火箭发射升空。运行在距月球表面 200km 的近似圆形极轨道上执行科学探测任务。我国首颗绕月探测卫星的四大科学目标分别是：获取月表三维影像；分析月球表面有用元素含量和物质类型的分布特点；探测月壤特性；探测地月空间环境。为了实现上述四大科学目标，卫星搭载了八种科学探测仪器（即有效载荷）。获取全月面三维影像图是嫦娥一号的首要科学任务，卫星上搭载的激光高度计是实现获取月球表面三维影像的一个重要载荷，嫦娥一号激光高度计是由中国科学院上海技术物理研究所通过三年多的科研攻关开发完成的。激光高度计获取的科学探测数据特点如表 9-1 所示。

表 9-1　激光高度计探测数据特点

名称	指标
科学探测数据	记录激光高度计到月表探测单元的距离
月面足印大小	小于 ϕ200m
距离测量范围	200 ± 25km
距离分辨率	1m
距离误差	5m（仪器精度）

续表

名称	指标
数据覆盖区域	全月球
沿卫星飞行方向上月面足印点距离	约 1.4km
垂直卫星飞行方向上月面足印	根据相邻卫星轨道间距来决定

激光高度计由激光发射模块、激光接收模块和信号处理模块三部分组成。嫦娥一号激光高度计的探测任务是测量卫星到月球表面星下点的距离。其工作原理是由激光发射模块首先发射一束大功率的窄激光脉冲到月球表面，激光接收模块接收到反射回来的光信号，并把它转换成电信号。通过信号处理模块中的计算器实时处理得出激光高度计到被探测月面的距离，在地面数据处理过程中，必须将该距离值转换为对应月面足印点的月面高程值。

利用嫦娥一号卫星激光高度计的科学数据可以生成月球数字高程模型（Digital Elevation Model，DEM）。DEM 是地理信息系统（Geographic Information System，GIS）地理数据库中最为重要的空间信息资料和赖以进行地形分析的核心数据系统。DEM 作为数字化的地形图，蕴涵着大量的、各种各样的地形结构和特征信息，是定量描述地貌结构等空间变化的基础数据。因此 DEM 数据应用领域也极为广泛，如数字制图、地理信息系统、遥感等领域[62]。

要生成准确的月球 DEM，主要取决于两个方面：①需要有尽量多的有效记录点；②采用较为理想的插值方法。文献[63]利用嫦娥一号第一次正飞阶段获取的 300 多万个有效激光测高数据点，采用最小曲率法来生成月球高程模型 CLTM-s01。事实上，最小曲率法就是构造出具有最小曲率的曲面，使其穿过空间场的每一点，并尽可能使曲面变得光滑。最小曲率法主要考虑曲面的光滑性，因此插值的效果容易失真，往往超出了最大值和最小值的范畴，实际应用中此法只能作为平滑估值。为了探讨更加理想的插值算法，以期生成精度更高的月球 DEM 是本章的出发点。本章提出一种新的大规模散乱数据的拟合方法——层次多结点样条算法，并利用嫦娥一号激光高度计获取的 800 多万个有效记录点，生成精度更高的月球 DEM。同时，探讨月球全月面、正面和背面的高程分布规律，建立基于嫦娥一号高程数据的分布特征模型。

9.2　相 关 工 作

采用激光高度计所获得的 800 多万个有效记录点绘制月球 DEM，实际上就是大规模的散乱数据的拟合插值问题。关于散乱数据拟合成曲面的问题，虽然已有许多文献报道了不同的方法[64,65]，但从曲面的光顺性、计算的稳定性、数据量的大小和数据分布规则的复杂性等诸多方面来考虑，已有的研究结果还存在一定的局限。当前比较突出的散乱数据拟合方法主要有 Shepard 法、径向基函数方法、移动最小二乘法和有限元法等几种。

早在 1965 年气象学家和地质学家 Shepard[66]就提出了基于数据的逆距离加权拟合曲面方法，即 Shepard 法。该方法定义了一个 C^0 连续的插值函数作为数据的权平均，其权因子与距离成反比，这种方法有几个缺点，包括数据点处出现尖角、受远距离点的不适当影响等，此外，这是一种全局方法，数据点一旦变更，所有的权因子都需要重新计算。虽然 Franke 和 Nielson[67]对其进行了改进，引入修正的二次 Shepard（MQS），消除了 Shepard 方法中的一些缺陷，但也引入了计算量大的问题，不适于大规模数据的应用。

径向基函数法是另一种流行的方法，定义插值函数为径向对称基函数的线性组合，每个基函数的中心落在某一个数据点上，基函数的系数通过解线性方程组解决。这类方法的代表算法有 Hardy[68]的 Multi-Quadirc 径向基函数法和 Duchon[69]从样条弯曲能量最小理论出发的薄板样条法，此方法提出后，在水文测量、大地测量、地质及采矿、地球物理等领域得到了广泛的应用，效果良好。在数据点数量不太大的情况下，计算也不太复杂。径向基函数可以归结为求解线性方程组 $Ax = b$，可用高斯消元法求解，时间复杂度为 $O(N^3)$（其中 N 为插值点的个数），所以其计算量随着插值点的增加而急剧增大。更糟糕的是，系数矩阵的条件数随着插值点的增加也迅速变大。于是，当数据量较大时，不仅计算相当费时，还可能出现计算的不稳定性。

移动最小二乘（Moving Least Square，MLS）法[70]建立一种新的曲线（曲面）拟合方法，与传统的最小二乘法相比，有了较大的改进；移动最小二乘法的优点是有很好的数学理论支持，因为基于最小二乘法，所以数值精度较高，同时最小二乘法的缺点也是移动最小二乘法的缺点，即容易形成病态矩阵或奇异的方程组。

另一类完全不同的散乱数据插值的方法是有限元法。先进行一个优化的三角剖分，Lawson 提出了几个准则以避免狭长的三角形；再在每个三角形内构造满足插值和一定光滑性条件的曲面，大多数 C^1 的方法使用 Clough-Tocher 方法[71]，但是所有这类方法，受限于数据的分布，狭长三角形有时是不可避免的，月面高程数据因轨道因素、数据呈线状，很难得到优化的三角剖分。

文献[72]提出了层次 B 样条算法，该算法采用 B 样条曲面来逼近一组散乱数据点，并且该过程只在误差超过给定阈值的子区域递归进行，直到对所有散乱点，其误差都小于给定阈值或者都通过拟合的曲面。但 B 样条对变化剧烈的曲面，如变化剧烈的地形，具有较大的误差。而多结点样条因引入更多的结点，能够更好地表示变化丰富的地面模型，关于 B 样条与多结点样条对复杂曲线曲面的逼近效果比较可以参考文献[73]。

下面，建立层次多结点算法。

9.3　层次多结点样条算法

9.3.1　多结点样条曲面逼近

对于双自变量的数据点 $P=\{(x_c,y_c,z_c)\,|\,z_c=f(x_c,y_c)\}$，定义域 Ω 为包含数据点 (x_c,y_c) 的最小矩形。因数据点 (x_c,y_c) 都落在 Ω 中，只需计算 Ω 上的三次多结点样条曲面的控制网格 φ，就可用来逼近数据点 P。逼近函数 g 定义为

$$g(x,y)=\sum_{k=-2}^{3}\sum_{l=-2}^{3}L_3(u-k)L_3(v-l)\varphi_{(i+k)(j+l)} \tag{9-1}$$

其中，$i=\lfloor x\rfloor$；$j=\lfloor y\rfloor$；$u=x-\lfloor x\rfloor$；$v=y-\lfloor y\rfloor$。L_3 为三次多结点样条基函数，定义为

$$L_3(x)=\begin{cases}1-\dfrac{5}{2}|x|^2+\dfrac{14}{9}|x|^3, & 0\leqslant|x|<\dfrac{1}{2}\\ \dfrac{19}{18}-\dfrac{1}{3}|x|-\dfrac{11}{6}|x|^2+\dfrac{10}{9}|x|^3, & \dfrac{1}{2}\leqslant|x|<1\\ \dfrac{37}{12}-\dfrac{77}{12}|x|+\dfrac{17}{4}|x|^2-\dfrac{11}{12}|x|^3, & 1\leqslant|x|<\dfrac{3}{2}\\ \dfrac{5}{6}-\dfrac{23}{12}|x|+\dfrac{5}{4}|x|^2-\dfrac{1}{4}|x|^3, & \dfrac{3}{2}\leqslant|x|<2\\ -\dfrac{49}{18}+\dfrac{41}{12}|x|-\dfrac{17}{12}|x|^2+\dfrac{7}{36}|x|^3, & 2\leqslant|x|<\dfrac{5}{2}\\ \dfrac{3}{4}-\dfrac{3}{4}|x|+\dfrac{1}{4}|x|^2-\dfrac{1}{36}|x|^3, & \dfrac{5}{2}\leqslant|x|<3\\ 0, & 3\leqslant|x|\end{cases} \tag{9-2}$$

事实上，对于散乱数据的整个拟合过程就是求解控制点网格 φ 的过程。为了求解未知的网格 φ，考虑数据点 P 中的任意一点 (x_c,y_c,z_c)，由式（9-1）知，函数值 $g(x_c,y_c)$ 只跟它周围的 36 个控制点有关，即以 (x_c,y_c) 为中心的 36 个控制点 φ_{kl}，$k,l=-2,-1,0,1,2,3$，决定了 $g(x_c,y_c)$ 的值。即

$$z_c = \sum_{k=-2}^{3}\sum_{l=-2}^{3} w_{kl}\varphi_{kl} \tag{9-3}$$

其中，$w_{kl} = L_3(u-k)L_3(v-l)$，$u = x_c$，$v = y_c$。

这是一组以 φ_{kl} 为变量的不定线性方程组。系数矩阵的伪逆矩阵为该方程组的使得 $\sum_{k=-2}^{3}\sum_{l=-2}^{3}\varphi_{kl}^2$ 最小的最优二乘解，故解为

$$\varphi_{kl} = \frac{w_{kl}z_c}{\sum_{a=-2}^{3}\sum_{b=-2}^{3} w_{ab}^2} \tag{9-4}$$

这样，若点集中的点数大于 1，就可以得到不止一组解。不妨用 $\varphi_{m,n}$ 表示最优解，则 $\varphi_{m,n}$ 必定使得 $e(\varphi_{m,n}) = \sum_c (w_c\varphi_{m,n} - w_c\varphi_c)^2$ 最小，函数 $(w_c\varphi_{m,n} - w_c\varphi_c)$ 表示第 mn 个网格点对曲面 g 在 (x_c, y_c) 处实际权重与期望权重的差异。对 $e(\varphi_{m,n})$ 求偏导，得到最终解为

$$\varphi_{m,n} = \frac{\sum_c w_c^2\varphi_c}{\sum_c w_c^2} \tag{9-5}$$

将求得的控制网格 $\varphi_{m,n}$ 代入式（9-1），便可得到逼近曲面 g。

9.3.2　层次多结点样条

用上述方法逼近曲面时，存在逼近精度与曲面光滑性的平衡问题。当控制网格密度较小时，生成的曲面具有很好的光滑性，但误差较大，如图 9-1(a)所示；当控制网格密度较大，甚至到一定程度时，可以精确地逼近各个数据点，但生成曲面的光滑性却很差，如图 9-1(b)所示。因此不易找到一个合适的密度 n 使得逼近精度与曲面光滑性都能达到满意的程度。为此采用层次多结点样条逼近算法将控制网格分级，由密度最小的一级逐渐过渡到密度较大的控制网格便可避开此问题。

考虑覆盖于定义域 Ω 上的控制网格序列 $\Phi_0, \Phi_1, \cdots, \Phi_n$。给定 Φ_0 中控制网格的分布密度，其他各级控制网格密度为前一级控制网格密度的 2 倍，即若第 k 级控制网格 Φ_k 中的控制顶点数是 $(m+5)(n+5)$ 个，则第 $k+1$ 级控制网格 Φ_{k+1} 的控制顶点数为 $(2m+5)(2n+5)$ 个。算法从最稀疏的控制网格 Φ_0 开始，对定义域 Ω 中所有数据点应用 9.3.1 节的算法，在控制网格 Φ_0 的作用下生成 g_0，计算 g_0 到每个点 (x_c, y_c) 的误差值 $\Delta^1 z_c$，即

$$\Delta^1 z_c = z_c - g_0(x_c, y_c) \tag{9-6}$$

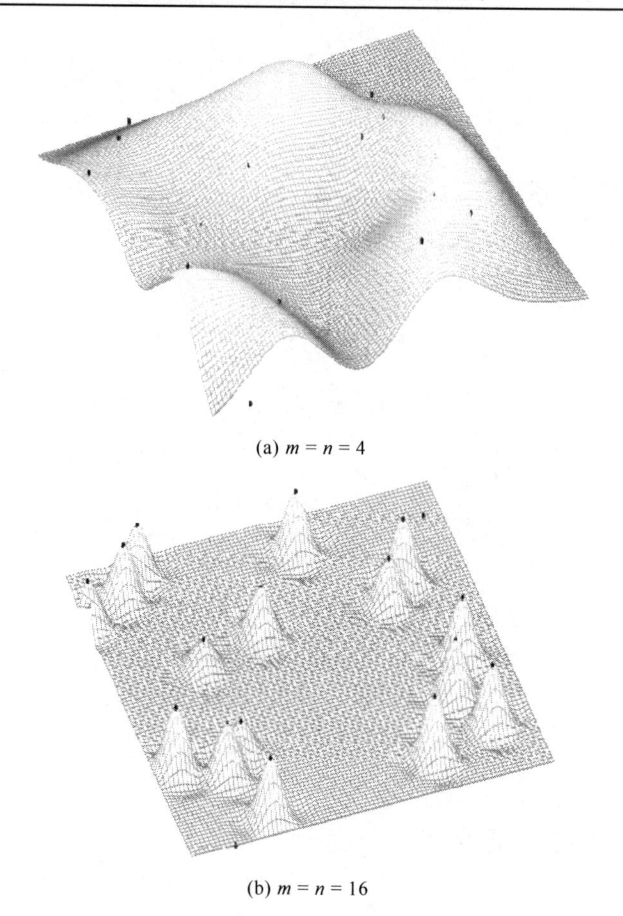

(a) $m = n = 4$

(b) $m = n = 16$

图 9-1　不同大小网格生成的拟合曲面

将误差值 $\Delta^1 z_c$ 与对应坐标 (x_c, y_c) 重新组成数据点 $P_1 = \{(x_c, y_c, \Delta^1 z_c)\}$ 作为下一级控制网格 Φ_1 的逼近数据，得到逼近函数 g_1。因此，$g_0 + g_1$ 将在点 (x_c, y_c) 处产生较小的误差 $\Delta^2 z_c$，即

$$\Delta^2 z_c = z_c - g_0(x_c, y_c) - g_1(x_c, y_c) \tag{9-7}$$

这一过程由最稀疏的控制网格 Φ_0 开始，递增到控制网格 Φ_n，误差 $\Delta^{n+1} z_c$ 为

$$\Delta^{n+1} z_c = z_c - \sum_{i=0}^{n} g_i(x_c, y_c)$$

最后得到的逼近函数 g 为各级函数 g_k 之和，即 $g = \sum_{k=0}^{n} g_k$。

这里 g_0 得到 g 的总体形状，往后各级函数 g_k 逐渐减小逼近误差，当每个控制网格中只有一个数据点时，曲面将插值数据点。

9.4　嫦娥一号月球 DEM

9.4.1　嫦娥激光高度计科学数据的处理

数据的来源和输入质量对 DEM 的建立极其重要，由于仪器噪声、月表地面起伏、卫星轨道与姿态测量等多个环节都存在误差，激光测高数据不可避免会存在误差和错误记录。由原始数据到高程数据的处理过程也难免存在方法上的误差。因此对数据进行预处理，以期得到良好质量的数据是高程模型建立的重要环节。

对于激光测高数据，可以将误差分为两种类型：随机噪声和系统误差。系统误差是由于仪器工作不正常或者因轨道校正而引起的，导致地形重建发生明显的失真和扭曲，此类数据一般发生在一小段时间内，将视为无效数据而删除。随机噪声是激光高度计在数据采集过程中由月表地形起伏、卫星平台不稳定等随机因素引起的，噪声数据没有规律可循，这里通过滤波的方法来处理随机噪声。

随机噪声一般分布较散，不会聚集在一处。此处结合月面特征对随机噪声进行滤波，月球表面主要由月海盆地、高地和撞击坑组成。月海相对平坦、高地和撞击坑地形起伏变化较大，为此将月面分成（W95°～E70°，S30°～N65°）的月海区域和其他高地及撞击坑两种区域，采用不同阈值分别滤波。

噪声处理分为单轨滤波和区域滤波。单轨处理中，逐点比较各高程点 h_i 分别与前后几个数据的高程均值 $\bar{h}_a,\bar{h}_b$，即

$$\bar{h}_a = \frac{\sum_{j=i-n}^{i-1} h_j}{n}, \quad \bar{h}_b = \frac{\sum_{j=i+1}^{i+n} h_j}{n} \tag{9-8}$$

滤波阈值可以参考前后数据的标准差 σ_a,σ_b，即

$$\sigma_a = \sqrt{\frac{\sum_{j=i-n}^{i-1} (h_j - \bar{h}_a)^2}{n}}, \quad \sigma_b = \sqrt{\frac{\sum_{j=i+1}^{i+n} (h_j - \bar{h}_a)^2}{n}} \tag{9-9}$$

若高程点 h_i 同时不满足下列不等式，则认为该点为孤立点而剔除，即

$$\left|h_i - \bar{h}_a\right| < N\sigma_a, \quad \left|h_i - \bar{h}_b\right| < N\sigma_b$$

这里月海区域阈值可选标准差的 2 倍，高地区域为标准差的 4 倍。

单轨滤波后，将高程数据合并，分小区域对高程点进行曲面拟合，得到拟合曲面 g，拟合方法见本章 9.3 节的算法，由算法可知，网格密度较小的时候可以得到曲面的总体形状，并不因个别噪声点而带来较大的影响；统计高程点 (x_c, y_c, z_c) 到拟合曲面的高程差 Δh_c 为

$$\Delta h_c = z_c - g(x_c, y_c) \tag{9-10}$$

高程差大于阈值 σ 的将视为噪声点，这里将阈值选为各点高程差均值的 2 倍，即

$$\bar{h} = \frac{\sum_{c=1}^{N}(z_c - g(x_c, y_c))}{N}$$

$$\sigma = 2\sqrt{\frac{\sum_{c=1}^{N}(z_c - \bar{h})^2}{N}}$$

因高地区域地形起伏变化较月海区域大，所以高地区域的拟合曲面的网格密度是月海区域网格密度的 2 倍。

嫦娥一号激光高度计科学数据采取上述步骤和方法去噪后得到 8284334 条有效记录，以 1738km 为参考半径，采用所提出的层次多结点样条算法，生成了角度为 0.25°×0.25°和 0.0625°×0.0625°全球数字高程模型。通过嫦娥一号月球模型，可以分辨出很多细小的月球地形特征，如撞击坑的中央峰、月海边缘等。

9.4.2 与国际上月球模型的对比

Clementine 是美国 1994 年发射的一颗探月人造卫星，其利用搭载的激光高度计，第一次对月球进行了为期两个月的月球全球高程测量，得到了 72548 个有效激光测距值。Clementine 月球全球 0.25°×0.25°网格高程模型[55,56]的绝对径向测量精度约为 130m，空间分辨率为 70km。

ULCN2005（The Unified Lunar Control Network 2005）[54]是由美国地质调查局（USGS）在 2005 年得到的统一月球控制网模型，该模型利用了所有历史照相数据，如地基照相、阿波罗、水手 10、伽利略和 Clementine 立体照相等。USGS 根据这些照相数据得到了 272937 个月面控制点，是目前国际上数据覆盖最全的月球地形模型。图 9-2 给出了嫦娥一号月球模型与 ULCN2005 月球全球模型的高程差异状况。ULCN2005 基于 Clementine 高程数据和所有月球历史照相数据，数据分辨率约为 6.8km，其利用激光高程点和照相得到的地形精度分别约为 130m 和 500m。在月球正面，两者差异很小，但在月球背面和极区这些地形复杂且没有照片覆盖的区域，

两者差异较大。究其原因，主要是因为 ULCN2005 模型利用照片来推算月球高程存在一定误差。ULCN2005 与本书的模型的差异状况如图 9-3 所示。

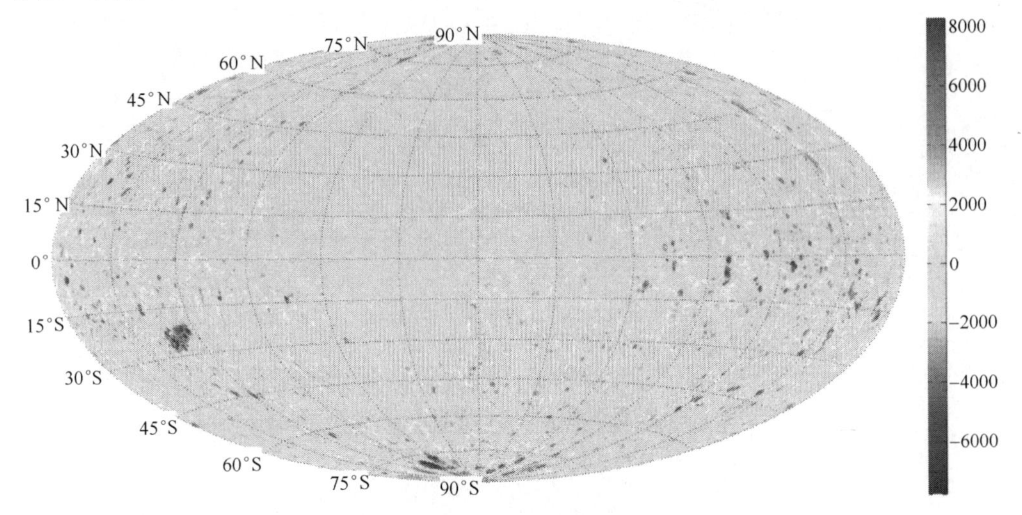

图 9-2　嫦娥一号数据月球模型与 Clementine 数据月球模型的高程差异

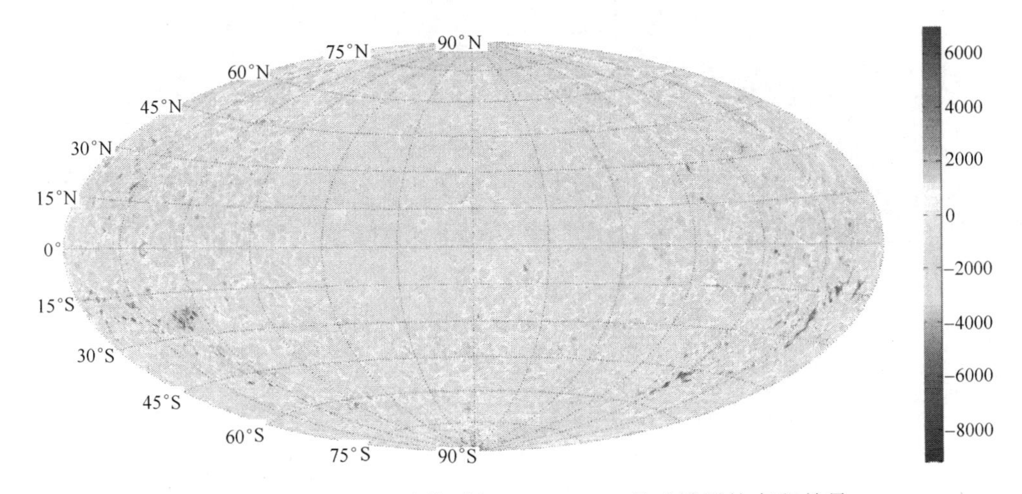

图 9-3　嫦娥一号月球模型与 ULCN2005 月球模型的高程差异

CLTM-s01 是文献[74]基于嫦娥一号激光测高数据第一次正飞期的 300 多万个有效记录点，采用最小曲率法生成的月球高程模型。本章所建的月球高程模型与 CLTM-s01 月球模型的差异状况如图 9-4 所示。

文献[75]基于日本“月亮女神”科学数据给出了月球的 DEM。本章所建立的模型与其差异状况如图 9-5 所示，两个模型的标准差为 221.8180m。

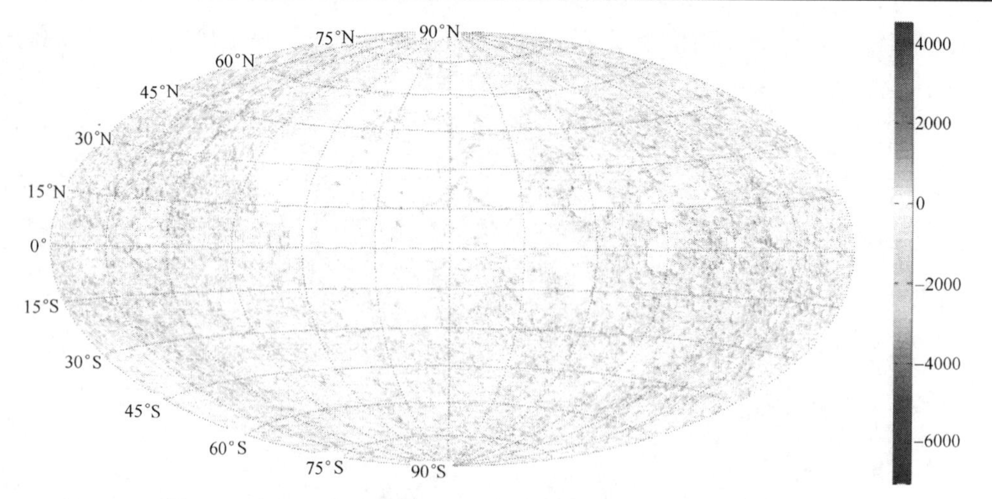

图 9-4　本章所建月球模型与 CLTM-s01 月球模型的高程差异

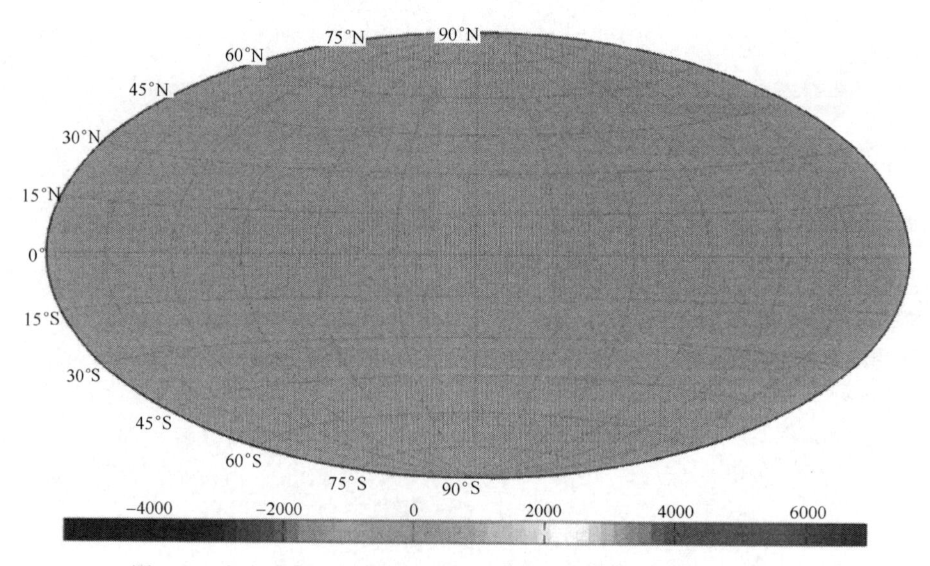

图 9-5　本章模型与文献[75]月球模型的高程差异（单位：m）

从以上分析得到，我们所建立的模型与文献[75]的模型的标准差最小，即地形模型最接近。

9.5　高程分布特征模型

在利用分层设色表示地貌，以及进行地貌分析，生成坡度图、坡向图，选择高程表时，常会用到某个高程内的地表面积，这就需要研究地面高程分布规律，为合理地选择色层和色度提供参考依据。月面地形起伏、形式多样，如何量化表达高程的分布特征就需要建立月面高程的分布特征模型。常用的地面高程分布特征模型有正态分布、皮尔逊Ⅲ分布、递减指数函数分布、幂函数分布和高次多项式分布等特征模型。

本节基于作者所建月球 DEM，探讨高程分布的特征模型。根据以上所建 DEM，以 1.8km 为间距，对高程模型重新采样，得到高程样本数 16597411 个。下面对样本数据进行统计分析，研究全月、月球正面和月球背面的高程分布特征模型。

9.5.1　全月高程分布特征

表 9-2 显示了全月 DEM 数据的主要特征参数，这里取区间间隔 $\Delta H=500\text{m}$ 将高程数据分成 39 组。

表 9-2　全月 DEM 数据特征参数

高程/m			标准差	样本总数
最大	最小	平均		
9945	−9622	−1262	2196	16597411

依分组统计结果得到如图 9-5 虚线所示的高程数据分布曲线，由分布曲线大致可以看出全月高程服从正态分布，下面就依分组统计数据建立全月面高程数据的正态分布特征模型。根据正态分布函数的定义与特征，正态分布特征模型为

$$p=\frac{\Delta H}{\sigma\sqrt{2\pi}}\mathrm{e}^{-\frac{(H_i-\bar{H})^2}{2\sigma^2}} \tag{9-11}$$

其中，p 为地面高程分布频率；$\bar{H}$ 是平均高程；H_i 是高程分组统计的组中值；σ 是高程分布的标准差；ΔH 是高程分组统计的组距，令

$$t=\frac{H_i-\bar{H}}{\sigma} \tag{9-12}$$

构造其正态分布函数为

$$Z_t=\frac{1}{\sqrt{2\pi}}\mathrm{e}^{-\frac{t^2}{2}} \tag{9-13}$$

将式（9-12）、式（9-13）代入式（9-11），则有高程分布模型为

$$p=\frac{\Delta H}{\sigma}Z_t \tag{9-14}$$

将数据 $\sigma = 2196$ ， $\Delta H = 500\text{m}$ 代入式（9-14），得月面高程分布特征的数学模型为

$$p = \frac{500}{2196} Z_t = 0.2277 Z_t = 0.2277 \frac{1}{\sqrt{2\pi}} \mathrm{e}^{-\frac{t^2}{2}} \tag{9-15}$$

根据式（9-12）计算 t 值，代入式（9-15）就可以得到地面高程分布的理论值。图 9-6 为全月 DEM 数据分布曲线与其对应的正态分布曲线对照图。

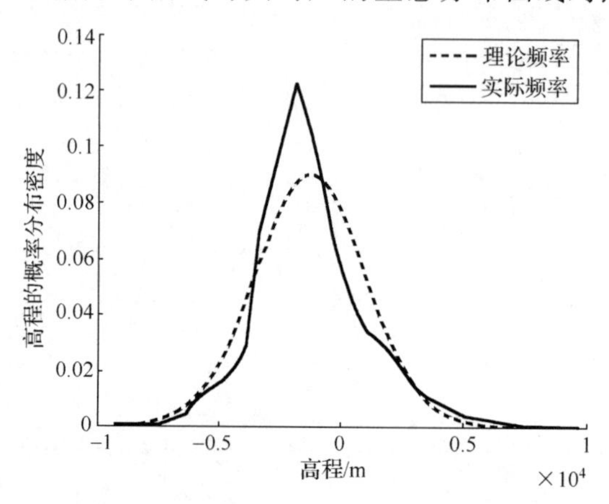

图 9-6　全月高程分布曲线及其正态分布曲线

从对照图看出式（9-15）的模型在一定程度上反映了月面高程分布规律。为了衡量正态分布模型的匹配情况，可用分布特征参数来判断，一般情况下考虑偏态系数 Cv 和峰态系数 Ce。偏态系数 Cv 描述数据分布的不对称性，当 Cv > 0 时，众数在平均值的左边，称为正偏；当 Cv < 0 时，众数在平均值的右边，称为负偏；当 Cv = 0 时，图形对称。

偏态系数的计算公式为

$$\mathrm{Cv} = \frac{\mu_3}{\sigma^3} \tag{9-16}$$

其中，σ 为标准差；μ_3 为三阶中心矩，用下式计算

$$\mu_3 = \frac{\sum_{i=1}^{n} (H_i - \bar{H})^3}{n} \tag{9-17}$$

峰态系数描述数据的集中程度，其表达式为

$$\mathrm{Ce} = \frac{\mu_4}{\sigma^4} \tag{9-18}$$

其中，σ 为标准差；μ_4 为四阶中心矩，用下式计算

$$\mu_4 = \frac{\sum_{i=1}^{n}(H_i - \bar{H})^4}{n} \tag{9-19}$$

Ce 描述数据分布在均值附近的集中程度，表示分布图形的峰度高低。对于正态分布来说，Ce = 3；当 Ce > 3 时，称为高峰态；当 Ce < 3 时，称为低峰态。

由表 9-2 的数据和式（9-16）～式（9-19）可求得 $Cv = 0.538 > 0$，$Ce = 3.867 > 3$，说明全月高程向正方向偏一些，呈正偏态，并且呈高峰态分布。

9.5.2 月球正面高程分布特征

人们将月球对着地球的一面称为月球正面，其经纬范围是 90°W～90°E，90°S～90°N，月球正面由大面积月海组成，地势较为平坦，表 9-3 显示了月球正面 DEM 数据的主要特征参数，这里取区间间隔 $\Delta H = 325\text{m}$ 将高程数据分成 40 组。

表 9-3　月球正面高程特征参数

高程/m			标准差	样本总数
最大	最小	平均		
6103	−6989	−1741	1344	8300161

依分组统计数据可以看出月球正面高程也服从正态分布，由式（9-11）～式（9-14）得到月球正面的高程分布特征的数学模型为

$$p = \frac{325}{1344}Z_t = 0.2418Z_t = 0.2418\frac{1}{\sqrt{2\pi}}e^{-\frac{t^2}{2}} \tag{9-20}$$

图 9-7 显示了月球正面高程分布曲线及其对应的正态分布曲线对照图。

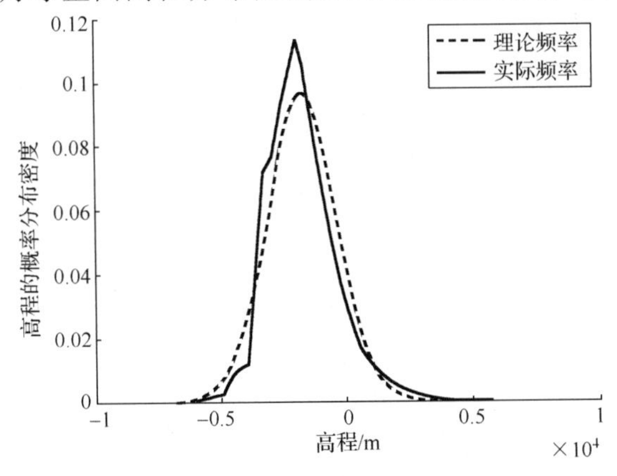

图 9-7　月球正面高程分布曲线及其正态分布曲线

由式（9-11）～式（9-14）得偏态系数 $Cv = 0.707 > 0$ 和峰态系数 $Ce = 4.337 > 3$。说明月球正面高程的正态分布向正方向偏一些，呈正偏态，并且呈高峰态分布。

9.5.3 月球背面高程分布特征

月球背面多由撞击坑和高地组成，地势起伏变化较大，地形复杂。表 9-4 显示了月球背面 DEM 数据的主要特征参数，这里将高程数据分成 39 组，组距 $\Delta H = 500\text{m}$，得到月球背面高程分组统计结果如表 9-4 所示。

表 9-4　月球背面高程特征参数

高程/m			标准差	样本总数
最大	最小	平均		
9945	–9622	–783	2716	8300161

依分组统计数据可以看出月球背面高程也服从正态分布，由式（9-11）～式（9-14）得到月球正面的高程分布特征的数学模型为

$$p = \frac{500}{2716} Z_t = 0.1841 Z_t = 0.1841 \frac{1}{\sqrt{2\pi}} \mathrm{e}^{-\frac{t^2}{2}} \tag{9-21}$$

图 9-8 显示了月球背面高程分布曲线及其对应的正态分布曲线对照图。

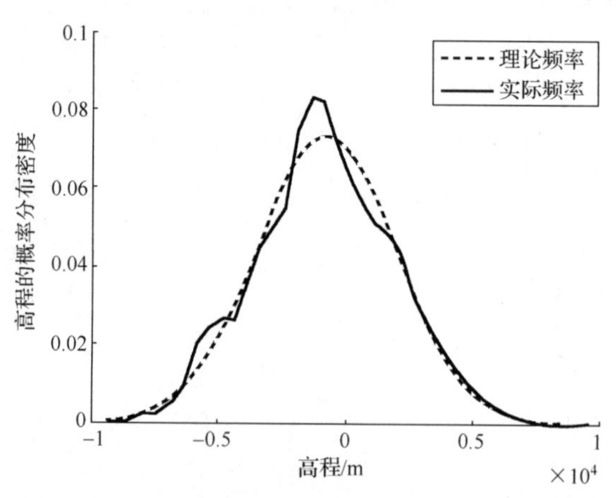

图 9-8　月球背面高程分布曲线及其正态分布曲线

由式（9-10）～式（9-14）得偏态系数 $Cv = 0.084 > 0$ 和峰态系数 $Ce = 2.81$。说明月球背面高程的正态分布向正方向偏一些，呈正偏态，并且呈低峰态分布。

9.6 本章小结

本章基于嫦娥一号激光数据，提出了一种层次多结点样条的新算法，该算法利用一系列从粗糙到精细的多结点样条控制网格来逐步逼近或插值给定的激光高程数据。基于该算法，利用嫦娥一号激光高度计获取 800 多万个有效记录点，生成了空间分辨率为 0.0625°×0.0625°的全月球 DEM，并将该模型分别与 Clementine、ULCN2005 与 CLTM-s01 进行了对比。由于嫦娥一号多达 800 多万个记录点，不论是在测量的覆盖面、精度，还是分辨率上，和 Clementine、ULCN2005 与 CLTM-s01 均有很大的提高。通过嫦娥一号月球模型，可以较有效地分辨出很多细小月球地形特征，如撞击坑的中央峰、月海边缘等。Clementine 激光高程采样点的数目不到嫦娥一号的千分之一，其空间分辨率大于 70km，且缺少南北极 ±75°以上区域的有效数据。在月球正面，Clementine 缺少了部分数据，在月球背面月陆地区，这种情况更加严重，导致其与嫦娥一号月球模型的差异巨大。而嫦娥一号激光高程数据则能相当优质地反映出月球地形状况。嫦娥一号月球模型比以往的月球模型数据量更大、覆盖面更全、高程精度更高，特别是在两极的分辨率上有很大的优势。在日本“月亮女神”月球探测数据公布后，融合嫦娥测高数据，采用本章所提出的层次多结点样条算法，相信可得到更高精度的月球 DEM。

同时，为了探讨地面高程分布规律，本章建立了高程的分布特征模型，即全月、月球正面和月球背面高程分布特征为正态分布模型。全月球、月球正面高程呈正偏态、高峰态分布，而月球背面高程呈正偏态、低峰态分布。

第 10 章　基于多结点样条插值的变形与动画设计

10.1　概　述

自计算机产生开始，对计算机图形和动画的研究就没有停止过，变形与动画一直是计算机图形学的热点问题，而人脸的变形与动画更是计算机图形学中最富有挑战性的课题之一。随着影视业在人们的生活中发挥越来越重要的作用，计算机图形学和动画技术在过去的 30 年里得到了惊人的发展。与此同时，21 世纪以来多媒体产业迅速兴起，数字娱乐方兴未艾。在手机、PC 上的卡通动画娱乐深得人们的喜爱。其中，变形和动画技术在计算机动画中发挥着举足轻重的作用。

国内外学者提出了许多变形的方法，这些方法对优化动画的局部特征起到了很好的作用，例如，散乱数据插值方法选择径向基函数作为插值变形函数，但是径向基函数不具有局部性，移动任何一个控制点都需要重新计算所有网格点的新位置，因此，需要知道所有控制点的新位置才可以采用径向基函数变形求所有网格点的新位置；当需要动态地、交互地调整局部控制点的位置，并不断观察变形效果时，不适合采用径向基函数变形。本章提出一种基于多结点样条插值的变形与动画设计算法，不但可以得到更加优质的插值图像，使动画效果更加逼真，且输出图像具有局部性、生成速度快、真实感强等特点，在人机交互变形图案的生成、人脸变形、三维动画设计中，都获得了较好的效果。

10.2　基于多结点样条插值的变形与动画设计算法

为了方便讨论，本节以三次多结点样条基函数为例。假定纹理样本有 $K\times K$ 个控制点 P_{ij}，这 $K\times K$ 个控制点构成一个纵横交错的网格，i、j 是整数，$i,j\in[0,\ k-1]$，P_{uv} 是网格上的任意一个型值点，u 和 v 是两个参数，$u,v\in\mathbf{R}$，它们的取值范围为 $[0, k-1]$，u 和 v 的增量可根据要求的精度进行调整，根据多结点样条插值函数的性质，P_{uv} 的坐标值可从下面的公式计算得出，即

$$P_{uv}=\sum_{j=0}^{k-1}\sum_{i=0}^{k-1}P_{ij}q_3(u-i)q_3(v-j) \tag{10-1}$$

其中，q_3 为三次多结点样条基函数，参见式（2-22），因为 q_3 具有局部性，式（10-1）可简化为

$$P_{uv}=\sum_{(\text{int})v-2}^{(\text{int})v+3}\sum_{(\text{int})v-2}^{(\text{int})u+3}P_{ij}q_3(u-i)q_3(v-j) \tag{10-2}$$

进一步研究得出 $u=i,v=j$ 时，$P_{uv}=P_{ij}$，这就意味着控制点也是网格上的型值点。从式（10-2）可以看出，改变某些控制点的位置，仅与它们相邻的型值点的坐标值受到影响而其他型值点的位置保持不变。

多结点样条插值变形动画流程如图 10-1 所示。首先由原始图像设置好 $M\times N$ 个控制点形成的网格，根据这些控制点，通过多结点样条插值得到更多的型值点网格，并可根据这些型值点生成新的插值图像。局部调整一些控制点可以得到不同的型值点网格，从而生成新的一系列变形图像。这些系列帧变形图像可组成变形动画。

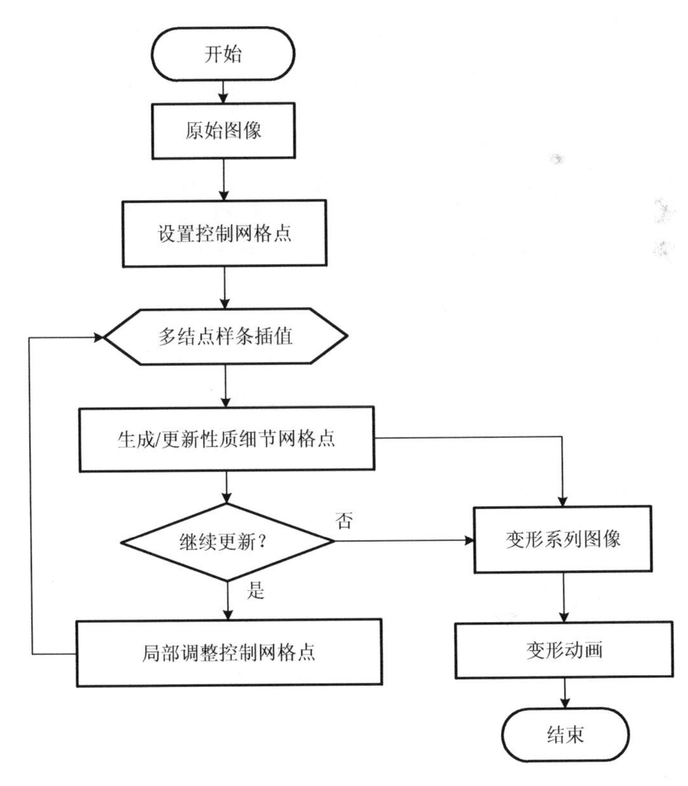

图 10-1　多结点样条插值变形动画流程

10.3　实 验 效 果

图 10-2 表明一个二维原始网格通过逐渐调整控制点的位置而逐渐变形的例子，这个例子可以验证局部地调整控制点，网格的形状也会局部地改变。图 10-3 表明一个没有变形的人脸在图 10-2 相应的变形网格下通过纹理映射而得到相应的人脸变形。将图 10-1 中网格变形 j 中的各控制点看成一组向量 $\boldsymbol{P}_j$，根据式(10-2)，可插值出多组向量即多组控制点 $\boldsymbol{P}_t$，由这多组控制点 $\boldsymbol{P}_t$ 可得到更多的人脸变形图像，这些人脸图像即组成了构成动画所需要的关键帧。图 10-4 表示了由 5 个关键控制帧通过多结点样条插值算法生成动画中所需要的若干关键帧的示意图。作者用此方法将上述人脸变形做成了一个动画，图 10-3 中(a)～图 10-3(e)分别成了人脸动画中的第 1 帧、第 6 帧、第 11 帧、第 16 帧和第 21 帧。

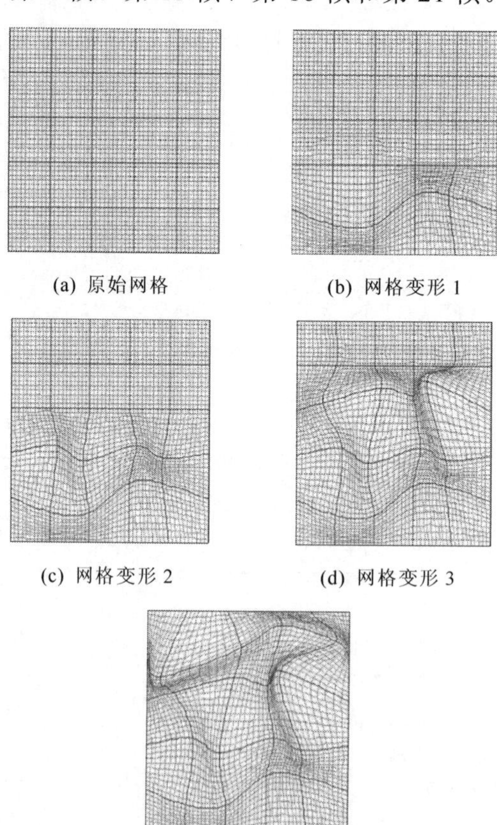

(a) 原始网格　(b) 网格变形 1

(c) 网格变形 2　(d) 网格变形 3

(e) 网格变形 4

图 10-2　一个二维网格变形的例子

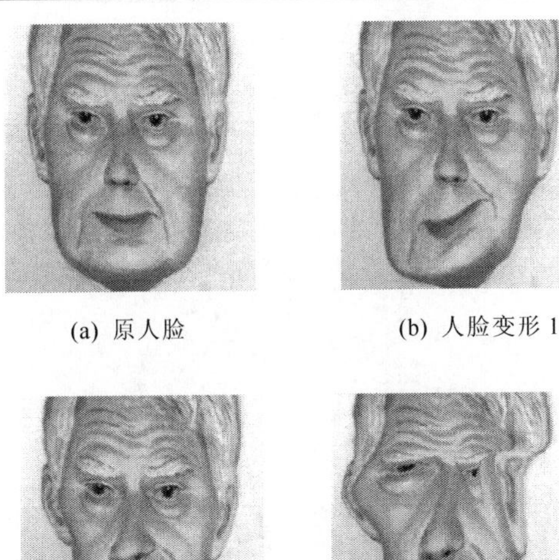

(a) 原人脸　　(b) 人脸变形 1

(c) 人脸变形 2　　(d) 人脸变形 3

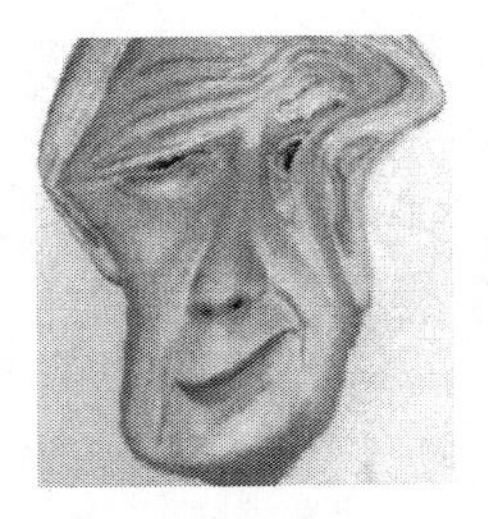

(e) 人脸变形 4

图 10-3　在图 10-1 相应网格变形下的人脸变形

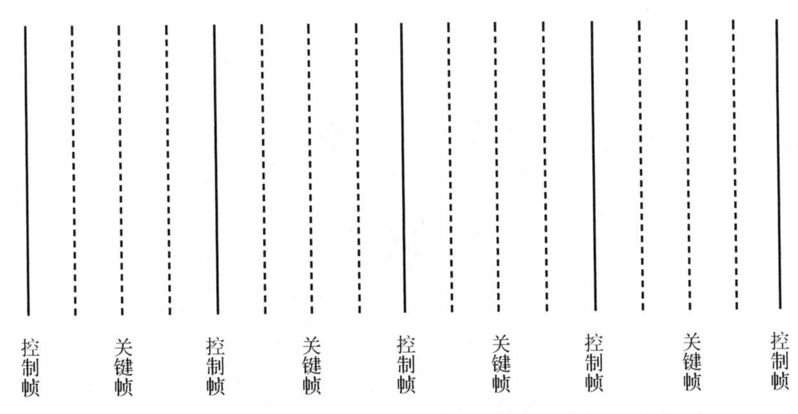

图 10-4　基于多结点样条插值算法的动画关键帧的生成

现有粉红菊花样本纹理如图 10-5 所示，图 10-6 表示其在不同的变形控制网格下经纹理映射后的变形结果。图 10-7 表示由图 10-6 所示的变形花朵交互合成新的图像的结果。

图 10-5　粉红菊花样本纹理

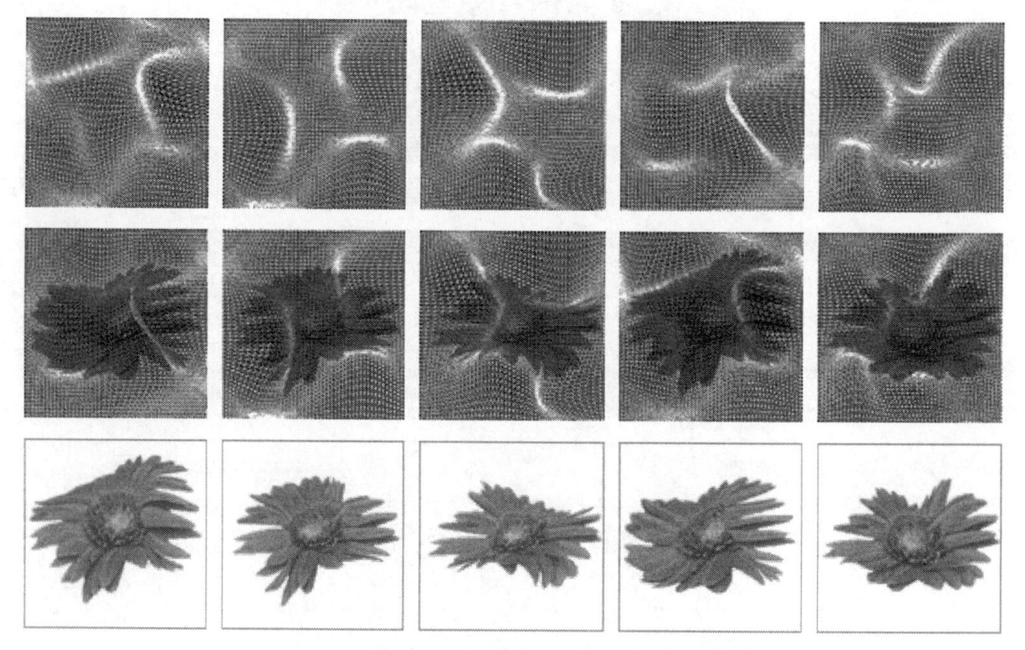

图 10-6　粉红菊花样本纹理在不同的变形控制网格下的变形结果

图 10-7　合成图像

基于多结点样条插值函数的三维变形的原理和二维的情形一样，只是在式（10-1）和式（10-2）中点的坐标值从二维变成了三维。

图 10-8 表示某编织物纹理，图 10-9 表示基于多结点样条插值算法的三维网格变形及其纹理映射，其中图 10-9(a)为三维网格随时间改变的各种变形，图 10-3(b)为图 10-3(a)加上编织物纹理（参见图 10-8）映射后对应的图形。

图 10-8　编织物纹理

图 10-9 右侧中各三维纹理图像分别成了三维动画中的第 1 帧、第 6 帧、第 11 帧、第 16 帧和第 21 帧。

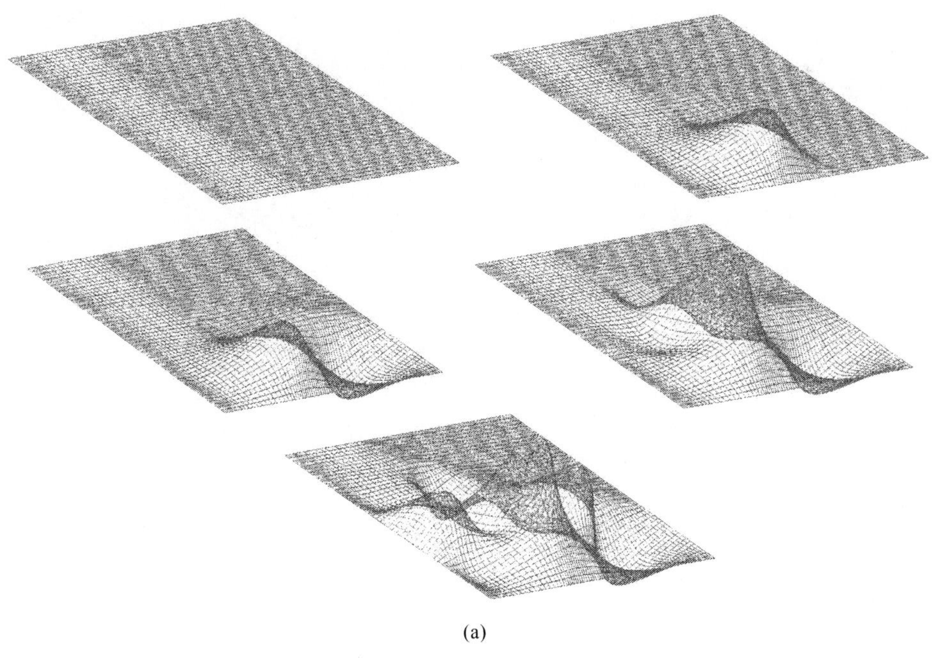

(a)

图 10-9　三维变形，从左到右为网格变形、纹理映射图形

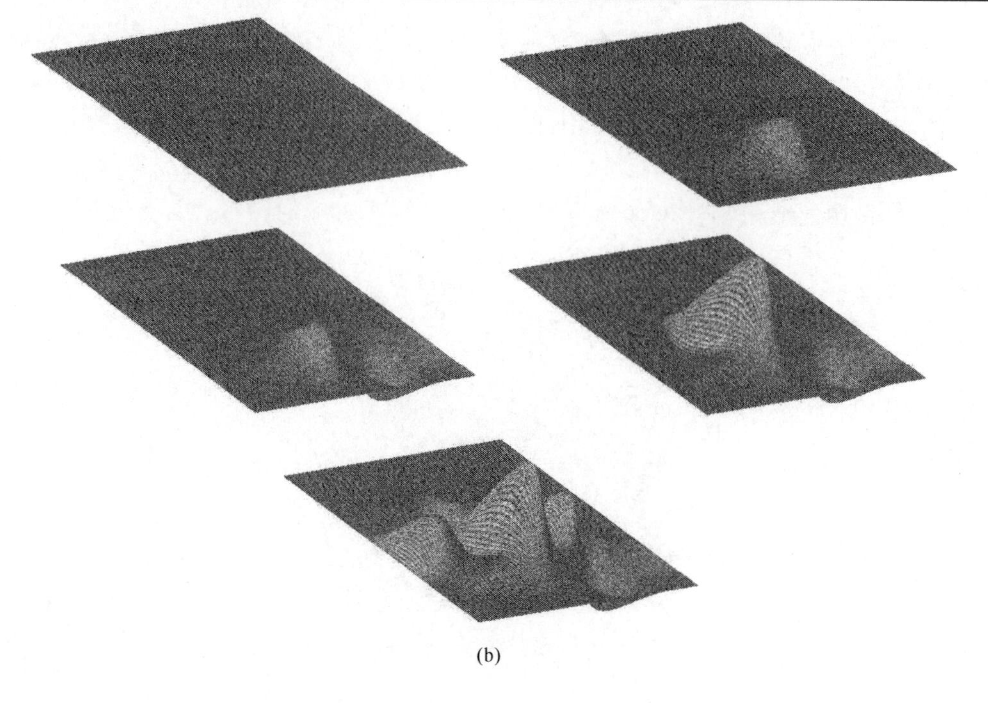

(b)

图 10-9　三维变形，从左到右为网格变形、纹理映射图形（续）

10.4　本 章 小 结

本章利用多结点样条的特性可使得变形进行任意的局部调整，计算方便，又可以很好地控制变形，无论是二维还是三维都能得到很好的应用，是一种非常好的变形方法，并可运用到动画设计中。

第 11 章　基于多结点样条插值的地形造型设计

11.1　概　　述

游戏开发和地图编辑都需要用到地形编辑，都需要更精确地构造地形地貌，而实现地形的曲面构造算法成为地形编辑器好坏的核心问题。有些游戏引擎自身不支持建模功能，都采用第三方软件如 3D MAX 等对物体进行建模，而通过第三方软件得到的模型往往也不能达到要求的精度，利用 DEM 获取数据又无法随心所欲地构造地形。要做成数字媒体产品的通用游戏引擎，需要支持高效的对象造型技术和多媒体融合建模技术，不仅能实现对任意复杂物体表面的建模，还能给出模型的数学表达，满足游戏产业技术中对真实感图形的要求。目前，工业界的地形编辑普遍采用的是 NURBS 算法。NURBS 曲面造型算法是 B 样条和 Bezier 方法的推广，它能够统一表示二次曲面和自由曲面而受到广泛应用。但 NURBS 曲面造型方法不是一种插值的方法，这个缺点始终不能保证 NURBS 方法构造的曲面能够很精确地满足地形编辑准确度的需要。

多结点样条插值函数具有插值性、局部性和显式不求解等特性。这些特性就能够说明多结点样条函数构造的地形编辑器能够比 NURBS 方法构造的曲面更精确地满足凹凸地形编辑准确度的需要。

11.2　地形构造实现

考虑到地形编辑方式应简单方便，所以采用了鼠标的点击式交互进行地形设计，通过键盘的 U、D 两个键控制是构造山峰还是构造盆地，然后通过点击次数控制地形的高度或深度从而实现地形的编辑和构造，让操作者可以在一个地形平面内达到要山峰就凸，要低谷就凹的效果。

由三次多结点样条插值函数构造的参数曲面表达式如式（11-1）所示，也可参考 2.2 节

$$\boldsymbol{P}_{uv}=\sum_{j=0}^{n-1}\sum_{i=0}^{m-1}\boldsymbol{P}_{ij}q_3(u-i)q_3(v-j) \tag{11-1}$$

其中，$\boldsymbol{P}_{ij}$ 表示地形的控制节点矢量，包含 x、y、z 三个坐标，控制结点形成一个地形网格数据保存在二维数组里；i、j 表示地面 x 和 z 方向的控制点下标；q_3 表示三次多结点样条函数，如式（11-1）所定义；m 表示地形平面 x 方向的控制点的数量；n 表示地形平面 z 方向的控制点的数量。控制数组一共有 $m\times n$ 个结点；而 u、v 表示参数曲面中的参数，计算的结果 $\boldsymbol{P}_{uv}$ 表示参数为 u、v 时地形上相应位置的型值点矢量，也分别有 x、y、z 三个坐标。在计算过程中由于边界外不存在控制节点，为了很好地计算地形边界附近的型值点。对边界还需要进行边界处理，一般采用线性插值方法。

地形的构造区域是利用二维数组的控制结点的三维 x、y、z 三个坐标，x、z 坐标是地面上的平面坐标，y 坐标表示地面的高度坐标，是凸起和凹陷的关键，所以通过鼠标点击函数获取点击处的平面 x、z 坐标，可以找到对应的 y 坐标。每次鼠标点击设定一个高度系数 h，高度系数为正表示地形凸起，高度系数为负表示地形凹陷。点击后将高度系数 h 乘以点击之前的高度 y 坐标得到点击之后该处的地形新的高度 y 坐标。地形网格数据模型如图 11-1 所示，x 方向和 z 方向的平行线的交叉点表示控制结点，y 方向代表地形高度方向。

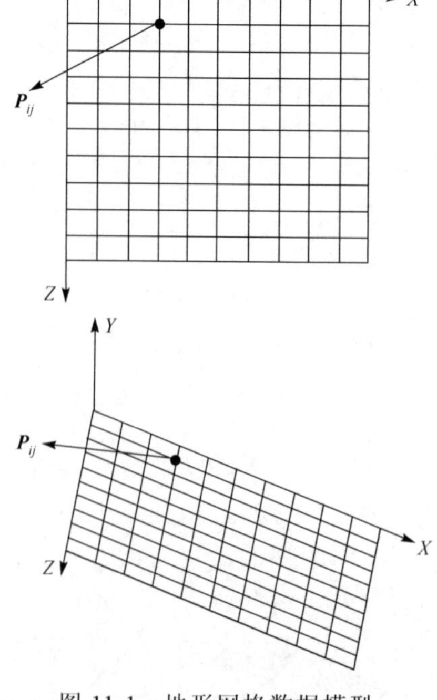

图 11-1　地形网格数据模型

整个程序采用微软 Visio Studio 开发包和 OpenGL 图形函数库来实现。在程序中通过切换键盘 U、D 和鼠标凸和凹的不断点击，逐步完成地形高低不平的生成。

地形构造程序的用例图，如图 11-2 所示。图中的每个用例都代表着程序将要实现的功能，包括主界面、帮助界面、3D 观察界面和 2D 构造界面。生成的地形可以有线框模型和实体模型两种不同方式的表现形式。在构造界面分为山峰构造和盆地构造表示地形的凸起和凹陷。在观察界面，有左转和右转不同的观察效果。

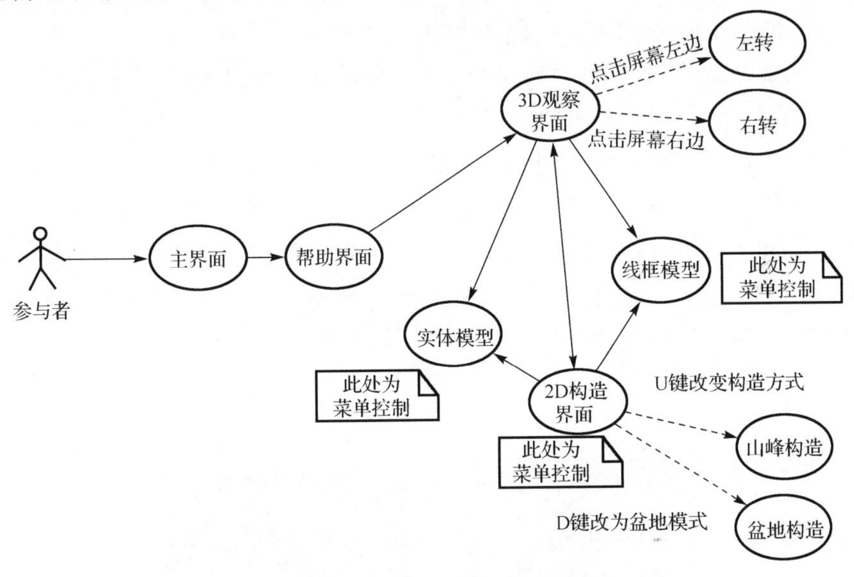

图 11-2　地形构造程序的用例图

为了让程序更加容易操作和观察，采用了最有效的观察模式，通过鼠标点击完成旋转和距离的双重调整，采用了圆心观察点偏移的方式，具体如图 11-3 所示，从图中可以看出，当视点沿着视点轨迹变化时，不但可以从不同的角度来观察，还可以实现不同的距离来观察目标点的效果。

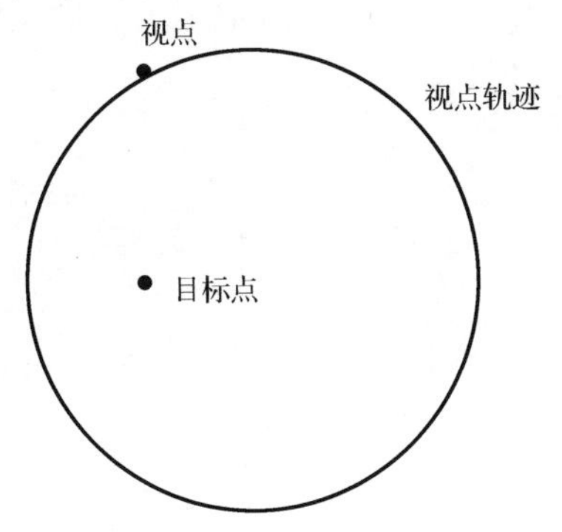

图 11-3　圆心偏移观察模式图

11.3　地形构造测试与分析

为了更精确地构造地形，程序将构造和观察分成了两个不同界面，分别为观察界面和构造界面。图 11-4 表示在构造界面地形逐渐凸凹的过程，图 11-4(a)为地形开始的平面，图 11-4(b)为鼠标点击 3 次后产生 3 个谷底，图 11-4(c)表示切换键盘的鼠标点击 3 次产生 3 个谷峰，图 11-4(d)表示综合点击后的效果。而图 11-5 表示在对应的观察界面地形不断变化的效果，图 11-6 表示线框模型的效果，图 11-7 表示通过菜单选择实现实体模型和线框模型和不同界面的切换。算法经过了多次不同数据的验证和实施。实验表明，由于算法具有插值性，不管是盆地还是山峰，还是更加复杂的综合地形，使用多结点样条函数法实现的地面造型都能够很精确地达到给定的峰值和谷值，在地形构造上生成的数据更准确，同时，由于算法具有局部性和显式不求解特性，后设计的山峰低谷造型不影响之前生成的地形形状，也能高效、实时、快速地生成地形。地形生成时，在观察平面可以更加直观地查看地形构造的效果。

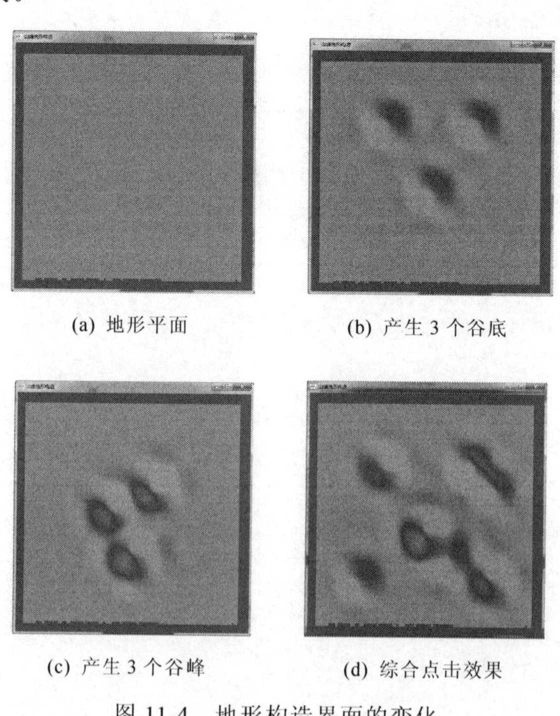

(a) 地形平面　　(b) 产生 3 个谷底

(c) 产生 3 个谷峰　　(d) 综合点击效果

图 11-4　地形构造界面的变化

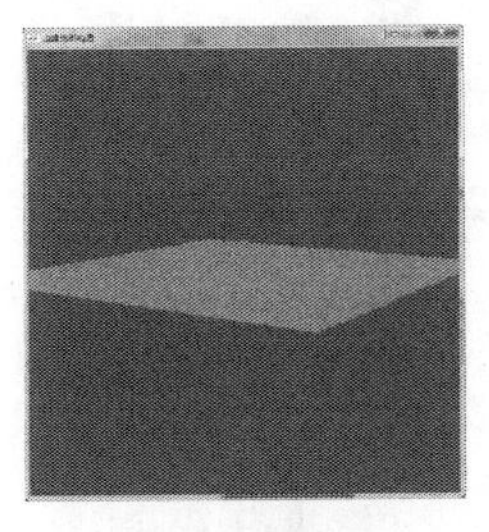

(a) 地形平面

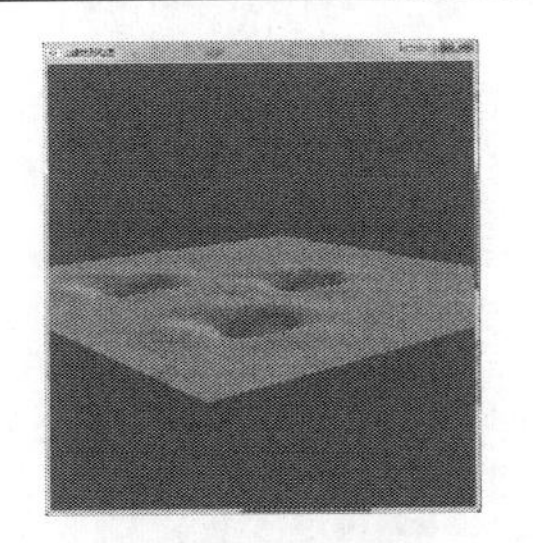

(b) 产生 3 个谷底

(c) 产生 3 个谷峰

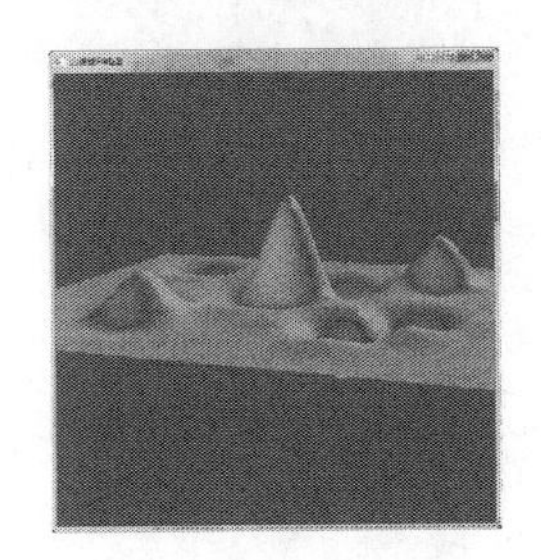

(d) 综合点击效果

图 11-5　观察界面的地形不断变化的效果

(a) 整体线框模型

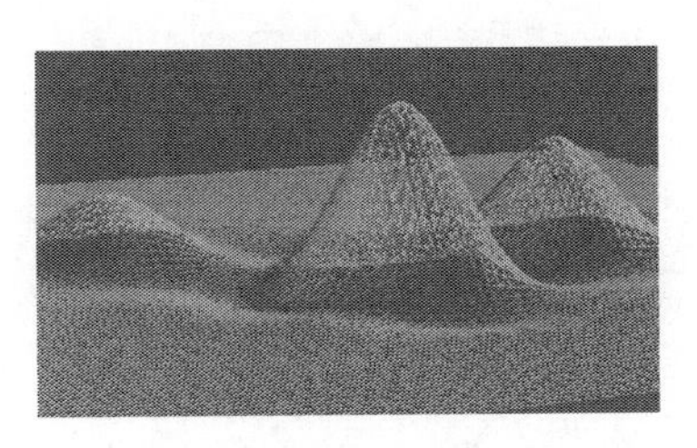

(b) 局部放大

图 11-6　线框模型

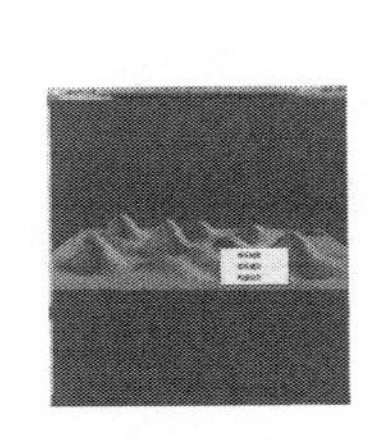

(a) 整体实体模型

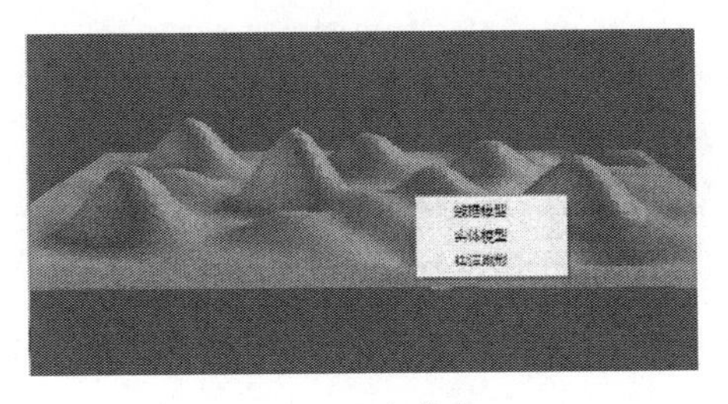

(b) 局部放大

图 11-7　实体模型下菜单选择

11.4 本章小结

本章提出了基于多结点样条插值的曲面造型方法，并实现了地形构造和编辑程序，在实验中能实现任意多样的地形构造，该地形构造算法充分发挥了多结点样条插值函数的特性和优越性，从而使得地形构造凸凹自如，比起传统的 NURBS 算法和差值-逼近构造方法，构造的地形能够精确地通过给定的控制点，也更加实时快速。希望将来可以进一步完善和修改算法与程序，使其成为具有实用性的地形构造程序，能够封装到已有游戏引擎和地形编辑器当中。

第 12 章　总结和展望

12.1　研究内容总结

算法的局部性、插值性、显式性在实际应用中有着很大的优越性。本书首先对具有代表性的几种常用插值拟合算法进行了叙述讨论，通过分析比较可知，常用算法没有一个能同时满足局部性、插值性和显式特性。本书总结了多结点样条插值算法的性质，它同时具有局部性、插值性、显式性，此外，多结点样条插值算法不需要端点的切线信息，当结点增加时，插值多项式的阶数保持不变，不会随结点的增加而增加，给实际应用带来很多方便和好处，是一种具有实际意义的局部插值算法。基于多结点样条插值算法的优越性，作者在书中主要探讨这种算法在几何造型与图像处理领域中的应用，并取得以下成果。

主要工作如下。

（1）分析比较现有常用算法的特性，总结出局部插值显式算法的典型代表多结点样条插值算法的特性。

（2）提出并实现了基于多结点样条插值的多层次算法，包括信号分解方法、图像多分辨率表示方法和多层次曲面造型方法。可用于数据处理的去冗余、压缩等方面。

（3）提出并实现了一种基于多结点样条插值的几何建模修补方法，可对立体视觉系统下基于图像的三维重建模型中形成的局部“空洞”进行填补和噪声去除。实例表明本书算法效果良好。

（4）提出并实现了一种基于多结点样条插值变形的图像合成方法。和已有方法相比，这种方法巧妙地避开了现有纹理合成方法中的纹理拼接难题，能用少量甚至只用一个纹理样本生成一个任意大小的自然风景图像，或交互式人为设计横幅图像，并且当纹理前景重叠时，能实现纹理前景之间的相互遮挡效果，使图像看起来真实自然。

（5）探讨多结点样条插值算法在信息隐藏中的应用，算法利用多结点样条基函数作为调配函数，通过将图像映射到复平面，求解微分方程，能从已知公开数字图像计算出另一个秘密数字图像。

（6）提出并实现了一种基于多结点样条的自由曲线最小误差逼近算法，应用此数学模型于一些平面及空间（甚至一些带噪声的）自由曲线拟合上和几何造型骨骼化上，测试其对各种自由曲线的拟合效果，结果证明最小逼近效果明显，具有很大灵活性。

（7）提出并实现了一种基于混合型多结点样条插值曲面的图像放大方法。该方法为数字图像的每一个色彩分量构造一个分块混合型多结点样条插值曲面。实验结果表明该方法对图像的放大质量较高，并在数字漫游系统与动画制作等方面有望得到应用。

（8）实现了基于多结点样条算法构造的月球 DEM 及高程分布特征模型，提出了一种层次多结点样条的新算法，该算法利用一系列从粗糙到精细的多结点样条控制网格来逐步逼近或插值给定的激光高程数据。

（9）提出并实现了一种基于多结点样条插值的变形与动画生成的方法。由于多结点样条插值算法的特性，使得变形和动画生成具有精确度高、速度快的突出优点。

（10）提出了基于多结点样条插值的地形设计方法，并实现了地形构造和编辑程序，在实验中能实现任意多样的地形构造，比起传统的 NURBS 算法和差值-逼近构造方法，构造的地形能够精确地通过给定的控制点，也更加实时快速。

12.2　研究方向展望

本书在取得上述成果的同时，由于水平有限和时间紧迫，尚有以下问题还需继续探讨研究。

（1）本书只对一般多结点样条插值的多层次曲面造型进行了一些研究，还应针对带切线控制的多结点样条插值在多层次曲面造型方法上加以研究。

（2）基于多结点样条插值的几何建模修补对出土文物只是局限于几何模型的修补，还应当尝试对出土文物表面的纹理图案的修补工作进行研究，使得出土文物的三维建模工作更加完善。对立体视觉系统的基于图像的建模的修补工作是针对一对图像的点云数据而言的，但实际上很多景物需要多个图像对获取的点云数据才能采集到全部的数据，这就存在点云数据的拼接问题，另外，虽然本书对点云数据去噪声做了一点工作，但这种去噪声方法需要有经验的阈值，结果还不是十分理想，仍有少量噪声未去除。所以，将来可在点云数据的拼接和自动去噪声问题上进行进一步的研究。

（3）基于多结点样条插值的图像合成方法的去背景预处理工作需要根据经验

调整阈值，交互完成。希望在将来的研究工作中找到完全自动去除背景的方法，使得基于多结点样条插值的图像合成方法应用范围更广，速度进一步提高。

（4）基于多结点样条插值的信息隐藏方法只是进行了初步探讨，从已知公开数字图像计算出另一幅秘密数字图像。今后可继续研究这一算法的推广，即给出一幅公开图像（或视频图像），解出多幅秘密图像（或视频图像）的情形。

参 考 文 献

[1] Barnhill R E, Riesenfeld R F. Computer Aided Geometric Design. Pittsburgh: Academic Press, 1974.

[2] 朱心雄. 自由曲线曲面造型技术. 北京: 科学出版社, 2001.

[3] 施法中. 计算计辅助几何设计与非均匀有理 B 样条 CAGD &NURBS. 北京: 高等教育出版社, 2001.

[4] 张池平, 施云慧. 计算方法. 北京: 科学出版社, 2002.

[5] Bezier P. The Mathematical Basis of the UNISURF CAD System. London: Butterworths, 1986.

[6] Forrest A R. Interactive interpolation and approximation by Bezier polynomials. The Computer Journal, 1972, 15(1): 71-79.

[7] Gordon W J, Riesenfeld R F. Bernstein-Bezier methods for the computer-aided design of free-form curves and surfaces. Journal of the ACM, 1974, 21(2): 293-310.

[8] Bezier P. Numerical Control-Mathematics and Applications. London: John Wiley and Sons, 1972.

[9] CDC. DUCT User's Manual, 1979.

[10] Farin G. Algorithms for rational Bezier curves. Computer-Aided Design, 1983, 15(2): 73-77.

[11] 常庚哲, 吴骏恒. 贝齐尔曲线曲面的数学基础及其计算. 北京航空学院科学研究报告 BH-B381, 1978.

[12] 苏步青, 刘鼎元. 论 Bezier 曲线的仿射不变量. 计算数学, 1980, 2: 289-198.

[13] 汪国昭. 有理 Bezier 曲线的包络性质. 1986 年全国计算几何与样条函数学术会议, 计算几何论文集, 1986.

[14] 施法中, 吴骏恒. Bezier 作图定理与三次 Bezier 曲线的几何性质. 航空学报, 1982, 1: 97-104.

[15] 马德昌. 实用化立体造型系统的研制方案探讨. 北京: 北京航空学院, 1987.

[16] 康宝生. 有理曲线、曲面造型方法的理论及应用研究. 西安: 西北工业大学, 1991.

[17] 蔡占川, 姚菲菲, 唐泽圣. 基于克里金插值法的图像修复. 计算机辅助设计与图形学学报, 2013, 09: 1281-1287.

[18] Qi D X. On cardinal many-knot δ-spline interpolation (I), (II), (III). Natural Science Journal of Jilin University, 1975, (3); 1976, (2); 1979, (3).

[19] Qi D X. A class of local explicit many- knot spline interpolation schemes. MRC, University

of Wisconsin(Madison, USA), TSR #2238, #2242 , 1981.

[20] Qi D X, Liang Z S. On the polish method by many-knot spline function (I), (II). 1979, 1(2): 196-200; 1981, 3(1): 65-74.

[21] Qi D X. Matrix representation and estimations of remainder term of many-knot spline interpolation curves and surfaces. Computational Mathematics, 1982, 4(3): 244-252.

[22] Qi D X, Gao M Y. Many-knot spline interpolation and boolean surfaces// Proceedings of Computer Aided Drafting, Design and Manufacturing. Beijing: International Symposium, 1987: 255-260.

[23] Qi D X, Zhou S Z. Local explicit many-knot spline Hermite approximation schemes. Journal of Computational Mathematics, 1983, 1(4): 317-321.

[24] Li H S, Ding W, Qi D X. Many-knot spline interpolation and multi-scale refinement algorithm. Journal of Image and Graphics, 1997, 2(10): 701-706.

[25] Yan W Q, Ding W, Qi D X. Rational many-knot spline interpolating curves and surfaces// Proceedings of the 2nd International Conference on Computer-Aided Industrial Design and Conceptual Design. Beijing: International Academic Publishers, 1999: 504-508.

[26] Qi D X, Li H S. Many-knot spline technique for approximation of data. Science in China, E, 1999, 42(4): 383-387.

[27] Yan W Q, Qi D X. Many-knot spline interpolating curves and their applications in font design. Computer Aided Drafting, Design and Manufacturing, 1999, 9(1): 1-8.

[28] Dahmen W, Goodman T N T, Micchelli A. Compactly supported fundamental functions for spline interpolation. Numerische Mathematik, 1988, 52(6): 639-664.

[29] Riemenschneider S D, Shen Z W. General interpolation on the lattices: Compactly supported fundamental solutions. Numerische Mathematik, 1995, 70(3): 331-351.

[30] 宋瑞霞, 王小春, 齐东旭. 多结点分片线性正交样条函数及其应用//全国第15届计算机科学与应用学术会议论文集. 合肥: 中国科学技术大学出版社, 2003: 9-15.

[31] 宋瑞霞, 王小春. 带参数的多结点样条. 计算机辅助设计与图形学学报, 2003, 15(11): 1422-1427.

[32] Song R X, Wang X C. A curve fitting scheme for large fluctuation and high frequency data// Proceedings of the 9th Joint International Computer Conference, 2003: 277-281.

[33] 宋瑞霞, 马辉, 王小春. 带切向控制的多结点曲线造型方法. 计算机辅助设计与图形学学报, 2006, 3: 396-400.

[34] Huang N E, Shen Z, Long S R, et al. The empirical mode decomposition the Hilbert spectrum for nonlinear and non-stationary time series analysis// Proceedings of the Royal Society of London A, 1998, 454: 903-995.

[35] Valens C. Embedded zerotree wavelet encoding. http://perso.wanadoo.fr/polyvalens/clemens/download/ezwe.pdf.

[36] Frederick W W, William A P. SPIHT image compression without lists// 2000 IEEE International Conference on Acoustics, Speech, and Signal Processing, 2000, 6: 5-9.

[37] ISO/IEC JTC1/SC29 WG1. JPEG 2000 image coding system. www. jpeg. org/public/15444-1fpdam2. doc.

[38] Mallat S. A theory for multiresolution signal decomposition: the wavelet representation. IEEE Transactions on Pattern Analysis and Machine Intelligence, 1989, 11(7): 674-693.

[39] “数位博物馆计划”，“国家典藏数位化计划”，“国际数位图书馆合作计划”. 台湾，数位典藏通讯电子报. http: //www2.ndap.org.tw/newsletter/index.php?lid=12.

[40] Oh B M, Chen M, Dorsey J, et al. Image-based modeling and photo editing// Proceedings of SIGGRAPH, 2001: 433-442.

[41] 3DVision. http: //www.vision3d.com/stereo.html.

[42] Marr D, Poggio T. A computational theory of human stereo vision// Proceedings of the Royal Society of London B, 1979, 204: 301-328.

[43] SRI stereo engine. http: //www.ai.sri.com/～konolige/svs.

[44] Fleischer K, Laidlaw D, Currin B, et a1. Cellula, texture generation. Computer Graphics // Proceedings, Annual Conference Series, ACM SIGGRAPH , Los Angeles, 1995: 239-248.

[45] Wei L Y. Texture synthesis by fixed neighborhood searching. A Dissertation Submitted to the Department of Electrical Engineering and the Committee on Graduate Studies of Stanford University in Partial Fulfillment of the Requirements for the Degree of Doctor of Philosophy, 2001.

[46] Hertzmann A, Jacobs C E, Oliver N, et al. Image analogies// Proceedings of SIGGRAPH, 2001: 327-340.

[47] Efros A A, Freeman W T. Image quilting for texture synthesis and transfer// Proceedings of SIGGRAPH, 2001: 341-346.

[48] Kwatra V, Schödl A, Essa I, et al. Graphcut textures: image and video synthesis using graph cuts. ACM Transactions on Graphics, 2003, 22(3): 277-286.

[49] Xu X G, Ma L Z. Texture mixing and texture transfer. Journal of Computer-Aided Design & Computer Graphics, 2003, 15(1): 1-5.

[50] Tian X L, Zhao Y, Tao C J, et al. Background removal for color images based on color components differences// Proceedings of the Sixth IASTED International Conference on Signal and Image Processing, 2004, Hawaii.

[51] Artz D. Digital steganography: hiding data within data. Internet Computing, IEEE, 2001, 5(3):

75-80.

[52] 朱喜玲, 陈伟, 宋瑞霞, 等. 复数基下的图像伪装算法. 中国图象图形学报, 2015, 5: 618-624.

[53] 孙庆杰, 张晓鹏, 吴恩华. 一种基于Bézier 插值曲面的图像放大方法. 软件学报, 1999, 10(6): 570-574.

[54] Archinal B A, Rosiek M R, Kirk R L, et al. The unified lunar control network 2005. Open-File Report 2006-1367 ver. 1. 0, U. S. Geological Survey, 2006.

[55] Smith D E, Zuber M T, Nemann G A, et al. Topography of the Moon from the Clementine lidar. Journal of Geophysical Research: Planets, 1997, 102(E1): 1591-1611.

[56] Cook A C, Spudis P D, Robinsion M S, et al. Lunar topography and basins mapped using a Clementine stereo digital elevation model. Lunar Planet Science, 2002, 33: 1281.

[57] Morris A R, Head J W, Margot J L, et al. Impact melt distribution and emplacement on tycho: a new look at an old question. Lunar Planet Science, 2000, 31: 1828.

[58] Margot J L, Campbell D B, Jurgens R F. The topography of Tycho Crater. Journal of Geophysical Research: Planets, 1999, 104: 11875-11882.

[59] Smith W H F, Wessel P. Gridding with continuous curvature splines in tension. Geophysics, 1990, 55: 293-305.

[60] Bills B G, Ferrari A J. A harmonic analysis of lunar topography. ICARUS, 1977, 31: 244-259.

[61] 欧阳自远. 月球科学概论. 北京: 中国宇航出版社, 2005.

[62] 李志林, 朱庆. 数字高程模型. 武汉: 武汉测绘科技大学出版社, 2000.

[63] 平劲松, 黄倩, 鄢建国, 等. 基于嫦娥一号卫星激光测高观测的月球地形模型 CLTM-s01. 中国科学, 2008, 53 (11): 1601-1612.

[64] Franke R. Scattered data interpolation: tests of some methods. Mathematics of Computation, 1982, 38: 181-200.

[65] Bajaj C L, Ihm I. Algebraic surface design using Hermite interpolation. ACM Transactions on Graphics, 1992, 11(1): 61-91.

[66] Shepard D. A two dimensional interpolation function for irregularly spaced data// Proceedings of the 1968 23rd ACM National Conference, 1986: 517-524.

[67] Franke R, Nielson G M. Smooth data interpolation of large sets of scattered data. International Journal for Numerical Methods in Engineering, 1980, 15: 1691-1704.

[68] Hardy R. Multiquadric equations of topography and other irregular surface. Journal of Geophysical Research, 1971, 76: 1905-1915.

[69] Duchon J. Splines minimizing rotation-invariant semi-norms in Sobolev space//Schempp W. Constructive Theory of Functions of Several Variables. Berlin: Springer-Verlag, 1976.

[70] Lancaster P, Salkauskas K. Surface generated by moving least squares methods. Mathematics of Computation, 1981, 37(155): 141-158.

[71] Clough R, Tocher J. Finite element stiffness matrices for analysis of plates in bending// Proceedings of Conference on Matrix Methods in Structural Mechanics, 1965: 515-545.

[72] Zhang W, Tang Z, Li J. Adaptive hierarchical B-spline surface approximation of large-scale scattered data. Pacific Graphics, 1998: 8-16.

[73] 郑才目, 蔡占川, 唐泽圣. 嫦娥一号激光测高数据的多结点样条曲面最小误差逼近. 澳门科技大学学报, 2009, 3(1): 1-9.

[74] 劲松. 基于嫦娥一号卫星激光测高观测的月球模型 CLTM-S01. 中国科学, E, 2008, 53: 1601-1612.

[75] Araki H. Lunar global shape and polar topography derived from Kaguya-LALT laser altimetry. Science, 2009, 322: 897-990.